Enseignez à Votre Enfant les Tables de Multiplication, édition en français de **Teach Your Child the Multiplication Tables,** pourrait venir en complément aux méthodes usuelles car elle favorise notamment les élèves visuels en leur donnant des outils adaptés à leur façon de gérer les opérations mentales. Je la recommanderais pour tous les élèves présentant des difficultés d'apprentissages car le recours aux dessins et à la logique des explications leur sera d'une grande aide.

Chantal Maïkoff, Doyenne pédagogique, Montreux, Suisse

La reconnaissance des motifs est pour les élèves un moyen créatif de développer leur compréhension du concept de la multiplication. L'analyse des motifs devrait faire partie intégrante de l'enseignement élémentaire en mathématiques étant donné son importance dans le raisonnement algébrique.

Michael Kestner, *Mathematics and Sciences Partnership Program*
Bureau de l'éducation élémentaire et secondaire, Département de l'Education des Etats-Unis

Beaucoup d'enfants ont de la peine à apprendre et à retenir les tables de multiplication. Ils ont besoin d'autres techniques que la mémorisation par cœur afin de maîtriser cette opération. Le livre d'Eugenia Francis utilise des stratégies et des méthodes brillantes et très assimilables telles que l'apprentissage par la reconnaissance de motifs spécifiques à chaque table de multiplication, utilisant des moyens mnémotechniques et d'autres méthodes engageantes et amusantes. Je recommande **Enseignez à Votre Enfant les Tables de Multiplication** comme une ressource très utile pour les enfants afin qu'ils apprennent les faits mathématiques et comprennent les principes de la multiplication.

Sandra Rief, Auteur de *How to Reach and Teach Children with ADD/ADHD* et *How to Reach and Teach Children in the Inclusive Classroom*

Teach Your Child the Multiplication Tables a, selon moi, tout ce qu'un livre sur les tables de multiplication doit avoir, et ma fille pense qu'il est en plus très amusant. Sur le thème du cirque, ce livre est très adapté aux enfants, avec beaucoup d'images, de grands caractères d'impression et beaucoup d'espace pour inscrire les réponses. Par dessous tout, la meilleure partie de ce livre réside dans le fait que le but n'est pas la mémorisation par cœur de chaque table mais plutôt la compréhension du motif inhérent à chacune.

Ma fille travaille avec ce livre à son propre rythme, à chaque fois qu'elle en a envie, et elle s'est déjà exclamée « *Aha* ! » à plusieurs reprises lorsqu'elle reconnaît et prédit les différents schémas des tables.

Ruth Pell, *California Homeschool News*

Ce livre est un moyen un moyen magnifiquement distrayant, clair et facilement mémorisable afin de comprendre la multiplication et d'apprendre les tables. Les élèves les plus jeunes pourront également bénéficier de ce livre : de sympathiques personnages et dessins apparaissent sur chaque page. Dès que le livre nous est parvenu, ma fille de cinq ans était très désireuse de le parcourir et de le compléter. **Teach Your Child the Multiplication Tables** figure parmi mes favoris pour les enfants du cycle primaire.

Linda Burks

Des articles sur Eugenia Francis et son livre ont été publiés dans *The Wall Street Journal* et *Education Matters*. Dans une interview avec *Home Education Magazine*, l'auteur explique les bénéfices que sa méthode peut également apporter aux enfants ayant des besoins spécifiques.

Ce livre d'exercices appartient à :
_____

Lorsque tu auras terminé ce livre d'exercices,
tu connaîtras les tables de multiplication !

Rudy Le Magicien

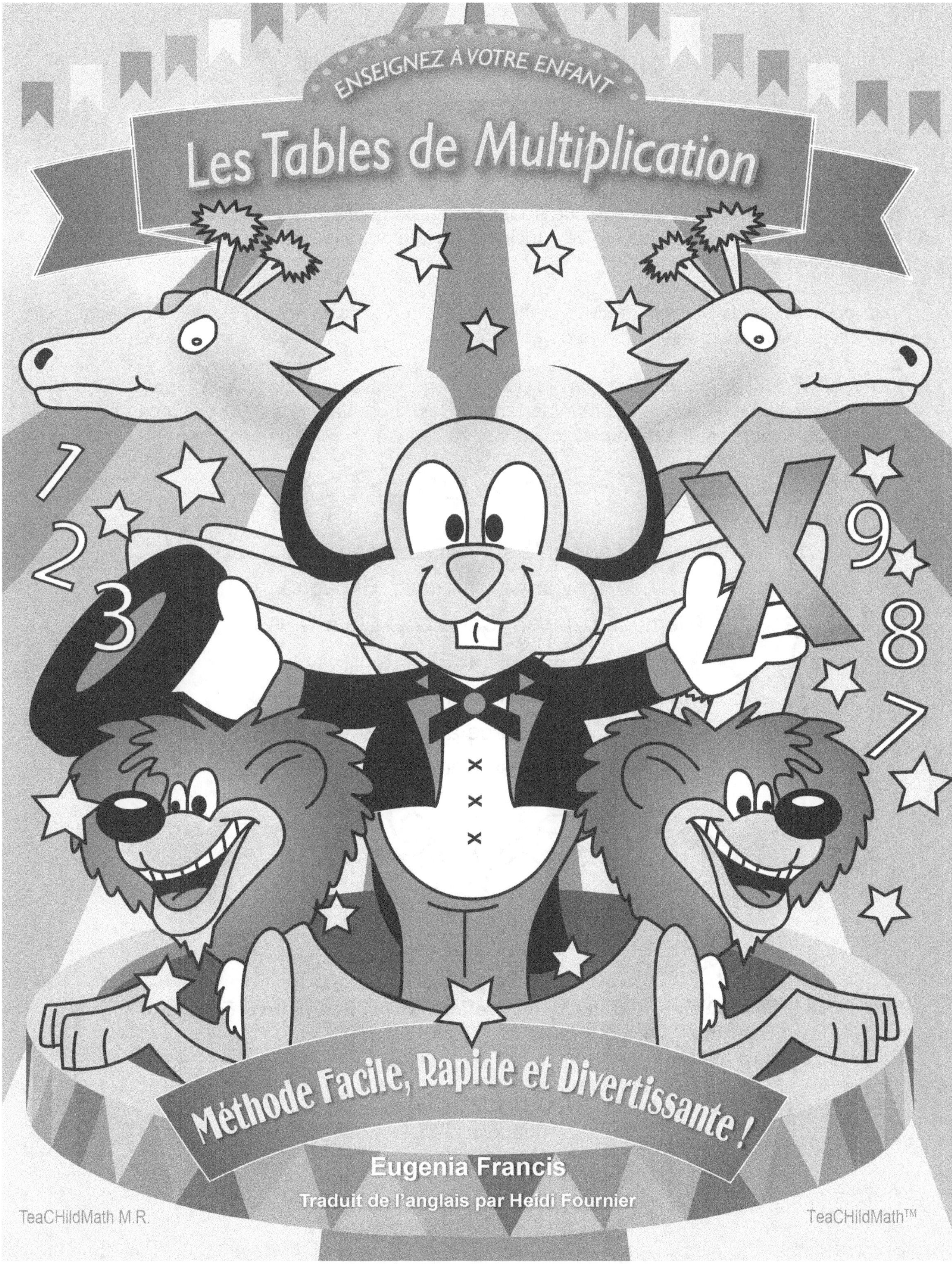

ENSEIGNEZ À VOTRE ENFANT
Les Tables de Multiplication
7
2
3
X
9
8
7
Méthode Facile, Rapide et Divertissante !
Eugenia Francis
Traduit de l'anglais par Heidi Fournier
TeaCHildMath M.R.
TeaCHildMath™

Copyright 2014 © by Eugenia Francis

All rights reserved.

Aucune partie de ce livre ne peut être reproduite, scannée ou transmise sous aucune forme ou aucun moyen électronique, mécanique, magnétique, photographique, incluant la photocopie, l'enregistrement ou autre moyen de stockage de l'information, sans la permission écrite préalable de l'auteur.

Pour prendre contact avec l'auteur, rendez-vous sur le site www.TeaChildMath.com et envoyez-lui un message sur la page de contact.

Un merci particulier aux illustrateurs, Michael Likens et Rudy Rodriguez à Gopixel Design Studios, au cabinet d'avocats Knobbe Martens, à Heidi Fournier pour la traduction en français et, bien sûr, à mon fils, Scott Francis, qui a inspiré ce livre.

Ce livre est disponible sur Amazon dans ces pays :
France, Royaume-Uni, Italie, Espagne,
Allemagne, Japon, Canada et Etats-Unis.
Ainsi que :
www.TeaCHildMath.com aux Etats-Unis,
www.CreateSpace aux Etats-Unis
www.HeidiFournier.com en Suisse.

Titre original : **Teach Your Child the Multiplication Tables, Fast, Fun & Easy with Dazzling Patterns, Grids and Tricks!**
Traduit en français par Heidi Fournier

Printed in the United States of America
Charleston, SC
January 2014

ISBN-13: 978-1493741564
ISBN -10: 149374156X

La Méthode TeaCHildMath™

Enseignez à Votre Enfant les Tables de Multiplication peut être utilisé en tant que livre de référence ou comme supplément en classe, à la maison ou pour l'enseignement à domicile par :

- Un parent, un enseignant ou un spécialiste de l'enseignement travaillant en tête à tête avec un élève.
- Un enseignant avec une classe d'élèves.

La multiplication est un des blocs essentiels des mathématiques. Un élève qui n'a pas maîtrisé les tables de multiplication a des difficultés à comprendre ainsi qu'à réussir en mathématiques durant le cycle primaire. Les divisions, les fractions, les pourcentages, les décimales ainsi que l'algèbre demandent tous une solide base en multiplication. Les énoncés de problèmes à résoudre deviennent plus complexes. Les élèves ne peuvent pas s'enliser à essayer de calculer 6 fois 8 ou d'autres calculs de multiplication aussi basiques. La réponse doit provenir avec rapidité de la mémoire à long-terme, laissant à la mémoire de travail toute liberté pour résoudre le problème donné. Cela doit être automatique.

Généralement, les élèves ont de la peine à apprendre par cœur les tables de multiplication. L'apprentissage par cœur est trop passif et mécanique et beaucoup d'élèves trouvent cela très ennuyeux. Il y a un meilleur moyen. Ma méthode est basée sur les motifs : la découverte des motifs est active, créative et engageante. Michael Kestner, du Département de l'Education des Etats-Unis pour le programme de partenariat entre sciences et mathématiques, écrit en ces termes à propos du livre, dans une lettre à l'auteur :

> La reconnaissance des motifs est un moyen créatif pour les élèves de développer leur compréhension du concept de la multiplication. L'analyse des motifs devrait faire partie intégrante de l'enseignement élémentaire en mathématiques étant donné son importance dans le raisonnement lié à l'algèbre.

Les motifs procurent un moyen d'organiser. Nos cerveaux semblent développés pour rechercher des motifs. L'apprentissage par cœur d'un fait mathématique à la fois est clairement inefficace. Les motifs sont efficaces car les élèves n'ont qu'à apprendre un motif pour apprendre une table entière. Les enfants ayant des besoins spécifiques, tels que les enfants présentant un trouble de l'attention (TDAH) ou une dyslexie, peuvent ainsi mieux visualiser et mémoriser où un chiffre se positionne lorsqu'ils voient un motif. Ceci reste vrai pour tous les enfants. De plus, en cas d'autisme, l'enfant semble avoir une affinité naturelle pour les motifs.

La Méthode TeaCHildMath™ utilise les stratégies convenant aux deux parties, gauche et droite, de notre cerveau pour l'enseignement des tables de multiplication. Il y a beaucoup de différences entre les enfants qui ont une dominance de l'hémisphère gauche vis-à-vis des enfants ayant une dominance de l'hémisphère droit. Tandis qu'un enfant présentant une dominance de l'hémisphère gauche pourra construire un ensemble à partir de différentes parties, un enfant dont la partie droite du cerveau domine préférera percevoir l'ensemble, en voyant des motifs et en faisant des connexions. Les enfants ayant des besoins spécifiques ont très souvent une dominance de l'hémisphère droit. L'apprentissage des tables est plus facile et plus efficace lorsque les deux hémisphères sont engagés.

La Méthode TeaCHildMath™:

Faites un diagnostic (page 167) afin de déterminer quelles tables votre enfant ou votre élève connaît déjà. Bien que les élèves sachent déjà certaines des tables, il est recommandé de commencer au début du livre d'exercices afin que l'élève apprenne les principes de base tels que la **commutativité de la multiplication**. Exemple : 6 x 4 = 4 x 6 car l'ordre des chiffres n'a pas d'importance quand on multiplie.

La méthode TeaCHildMath™ utilise un tableau de cent carrés (Tables de 1 à 10) pour enseigner chaque table. Il est plus facile d'apprendre une table quand elle est vue dans le contexte des autres. Vous renforcerez l'apprentissage en faisant occasionnellement compter à votre élève les carrés sur le tableau pour un problème de multiplication. Exemple : 5 x 5 = ____. Faites compter à l'élève les 25 carrés correspondants.

Chaque table a un motif. Certains élèves ont besoin d'une aide supplémentaire afin de lier le motif à la table de multiplication. Faites réciter à haute voix l'entier de la table à votre élève lorsqu'il est en train de compléter le motif. Par exemple, lorsqu'il remplit le motif 8-6-4-2-0 pour la table de 8, faites-lui dire à haute voix : « 8 fois 1 fait 8, 8 fois 2 fait 16, 8 fois 3 fait 24 » etc.

Au lieu d'enseigner les tables de 1 à 10 séquentiellement, la méthode **TeaCHildMath™** enseigne d'abord les tables des nombres PAIRS qui sont plus faciles à apprendre avant de passer aux tables des nombres IMPAIRS.

La Séquence TeaCHildMath™:

1. Les tables de 1 et 10 et la multiplication par 0.

2. Les tables des chiffres PAIRS. Les tables de 2, 4, 6 et 8 ont des motifs similaires qui sont faciles à apprendre car ils finissent tous par une combinaison de 2-4-6-8-0. Ces motifs se répètent à l'infini. Les pages d'exercices où l'élève compte en sautant (exemple : *Rue du Cirque Magique*, page 15) illustrent ce point.

3. Comment déterminer si un nombre est IMPAIR.

4. **La Règle de Multiplication PAIR/IMPAIR.** Le produit de deux facteurs est toujours un nombre PAIR sauf si les deux nombres sont IMPAIRS. (Voir page 59.)

5. Les tables des chiffres IMPAIRS. Les tables de 5, 9, 3 et 7 sont présentées dans l'ordre croissant de difficulté. Commencer par la table la plus facile construit la confiance de l'élève. Ces tables présentent également des motifs surprenants qui se répètent toujours. Les pages d'exercices où l'élève compte en sautant (exemple : *Rue du Cirque Magique*, page 83) illustrent ce point.

6. Les motifs en diagonale: cela illustre la propriété de commutativité des tables.

7. La multiplication des nombres à deux chiffres.

8. La division avec et sans reste.

9. Différents problèmes à résoudre avec une difficulté grandissante sont présentés et intégrés tout au long du livre. Chacun présente des indices visuels et un contexte réel tel que le menu du cirque. De plus, ils sont décomposés étape par étape afin de montrer à l'élève comment résoudre le problème donné. En apprenant ces différentes stratégies de résolution, l'élève développera ses capacités mathématiques.

10. Les pages intitulées : *Rue du Cirque Magique, Colorie le Clown, Bingo du Cirque Magique, Multiple Mystère*, ainsi que d'autres pages présentent des activités amusantes, renforcent l'apprentissage.

11. Chaque page se compose d'illustrations attrayantes du cirque que l'élève aura la possibilité de colorier. Il pourra également tracer des filigranes sur les grilles proposées.

Les équations de multiplication sont des ponts vers l'algèbre. La plupart des problèmes de multiplication de ce livre d'exercices sont écrits comme une équation plutôt que dans la plus traditionnelle écriture en colonne.

$$9 \times 8 = \underline{\quad} \qquad \text{vs.} \qquad \begin{array}{r} 9 \\ \times 8 \\ \hline \end{array}$$

En apprenant à résoudre des problèmes de multiplication écrits sous forme d'équation, l'élève se prépare lui-même à l'algèbre.

$$9 \times \underline{\quad} = 72 \quad \text{est une étape vers} \quad 9n = 72$$

Enseignez à Votre Enfant les Tables de Multiplication donnera à votre élève la confiance et les capacités pour avancer en mathématiques. Non seulement il aura appris les tables de multiplication mais également les principes sous-jacents à la multiplication.

Depuis la publication de **Teach Your Child the Multiplication Tables, Fast, Fun and Easy**, j'ai reçu becaucoup d'emails de parents et d'enseignants attestant du succès de ma méthode.

Mon livre d'exercices a été approuvé par des mathématiciens ainsi que par des spécialistes de l'enseignement. De plus, j'ai été interviewée par **Home Education Magazine**, connu outre-Atlantique. Mon histoire, une enseignante d'anglais à l'université devenue une écrivain de livre de math pour enfants, est apparue dans **The Wall Street Journal**.

Je vous invite à laisser des commentaires sur votre expérience en classe ou à la maison à l'aide du **Formulaire de Contact** disponible sur mon site internet: **www.TeaCHildMath.com**.

Pour d'autres aides d'apprentissage ou produits TeaCHildMath, visitez: **www.TeaCHildMath.com**.

Tous droits réservés. Aucune partie de ce livre ne peut être utilisée ou reproduite sous aucune forme sans l'accord écrit préalable de l'auteur, sauf en cas de réimpression dans une revue.

Eugenia Francis
Irvine, Californie

Enquête Parent/Enseignant

N'hésitez pas à commenter et à partager votre expérience avec mon livre d'exercices lors de l'enseignement des tables de multiplication à votre enfant ou à votre classe. Votre apport aidera à enrichir l'expérience d'apprentissage de tous les enfants.

Visitez **www.TeaCHildMath.com** pour partager vos commentaires sur mon blog ou sous **Contactez-moi**.

Merci beaucoup !
Eugenia Francis

Egalement disponible :
Edition en anglais
Teacher's Edition (en anglais)
Edition en espagnol

Pour ces livres et d'autres produits TeaChildMath™,
Visitez **www.TeaCHildMath.com**

Les Tables de Multiplication

Introduction I
Trouve un Motif et Multiplie 1
Qu'est-ce que la multiplication ? 4
Le Zéro Magique de Rudy 5
Table de 2 11
Table de 8 17
Table de 4 23
Table de 6 35
Le Code Secret de Rudy 45
Pair ou Impair ? 55
Table de 5 62
Table de 9 74
Table de 3 85
Table de 7 101

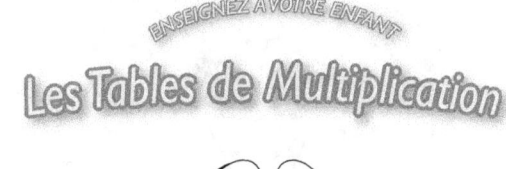

Points au carré 113
Résoudre la Diagonale Manquante 117
Multiplier un Nombre à Deux Chiffres 136
Faisons des Divisions ! 139
La Ruée F-o-l-l-e ! 153
Multiple Mystère ! 155
Bingo du Cirque Magique ! 163
Tableau du Code Secret 165
Multiplication des Pairs et des Impairs 166
Modèle de Multiplication 167
Tables Magiques ! 168
Diplôme du Cirque Magique 171

Des fiches de révisions sont également incluses dans les différentes parties pour renforcer l'apprentissage et évaluer la progression.

Introduction

Comme la plupart des enfants du cycle primaire, mon fils Scott trouva dans l'apprentissage des tables de multiplication un défi à relever. Après un après-midi d'exercices fatigants, j'ai décidé qu'il devait y avoir un moyen plus facile que la mémorisation par cœur !

A la table de la cuisine, j'ai dessiné une grille avec les chiffres de 1 à 10 horizontalement et verticalement. Crayon en main, Scott a rempli les tables de 1, 2, 5 et 10, des tables avec des motifs simples. Ensuite, je me suis souvenue d'un motif pour la table de 9. Sur la grille, j'ai dit à Scott d'écrire d'abord 0 à 9 en descendant dans la colonne du 9, puis 9 à 0 à la droite de ces chiffres. «Ca y est ! Tu connais celle du 9 ! » lui ai-je dit. Scott était tout surpris par cette astuce. La table du 9, avait-il décidé, était super facile !

S'il y avait une astuce pour la table du 9, n'y en avait-il pas pour les autres tables ? Nous avons remarqué que les tables de 2, 4, 6 et 8 se terminent toutes par une combinaison de 2-4-6-8-0 qui se répète au milieu de la grille après 10, 20, 30 et 40 pour les tables de 2, 4, 6 et 8 respectivement. C'est vraiment super, s'enthousiasmait Scott !

Quels autres motifs pouvions-nous découvrir quant à savoir si un multiple serait pair ou impair ? Nous avons constaté que les multiples impairs étaient peu nombreux. Pourquoi? Car un nombre pair multiplié par TOUT nombre (pair ou impair) donne un nombre PAIR. Un multiple impair n'est le résultat que de la multiplication de deux nombres IMPAIRS. Chaque motif ou astuce rendait l'apprentissage des tables plus facile et plus divertissant pour Scott, lui faisant découvrir la magie des maths.

A chaque fois que Scott remplissait un motif pour une nouvelle table dans la grille de 100 carrés, je lui faisais également remplir les autres tables déjà apprises. Plutôt que d'apprendre chaque table de manière isolée, il apprenait ainsi chacune dans le contexte des autres. En même temps, il a appris la propriété de commutativité de la multiplication: 8 x 6 = 6 x 8. Alors qu'il remplissait chaque table, je lui faisais connecter le motif à la table. Par exemple, pendant qu'il écrivait le motif 8-6-4-2-0 de la table de 8, je lui faisais répéter : « 8 fois 1 fait 8, 8 fois 2 fait 16, 8 fois 3 fait 24 » etc. Scott apprenait en le faisant.

Comme beaucoup d'enfants, Scott était un élève qui apprenait essentiellement par visualisation. Ma méthode l'a aidé à découvrir ces motifs, tout en intégrant le concept de la multiplication.

La reconnaissance des motifs bénéficie grandement aux enfants ayant des besoins spécifiques. Ces enfants peuvent ainsi mieux se souvenir et visualiser la table quand ils voient un motif. Cela est vrai pour tous les enfants. Les motifs aident la mémoire.

Les motifs introduisent la magie des mathématiques aux enfants. Comme un critique disait, « L'essence des mathématiques réside dans les motifs. **Enseignez à Votre Enfant les Tables de Multiplication** permet à votre enfant de percevoir les joies de la découverte des motifs mathématiques à un jeune âge. »

Mon objectif en écrivant **Enseignez à Votre Enfant les Tables de Multiplication, Méthode Facile, Rapide et Divertissante !** était d'insuffler à votre enfant la fascination des mathématiques. Les maths devraient susciter l'imagination de votre enfant. Si tous les enfants du cycle primaire devaient vraiment aimer les maths, ils seraient bien plus susceptibles de réussir à l'école. Une solide base en maths ouvre les portes à des carrières enrichissantes.

La question qui m'est le plus souvent posée est : « Pourquoi avez-vous, vous qui êtes une enseignante d'anglais de niveau universitaire, écrit un livre de math pour enfants ? » Ce à quoi je réponds : « Car je crois que si plus d'entre nous faisions pour tous les enfants ce que nous faisons pour nos propres enfants, le monde serait meilleur. Je veux aider votre enfant autant que j'ai voulu aider le mien. »

N'hésitez pas à partager l'expérience de votre enfant ou de votre classe avec mon livre d'exercices, sur le blog de mon site internet **www.TeaCHildMath.com**.

La découverte rend l'apprentissage enrichissant !

Le Cirque Fou-Fou-Fou !

C'est une soirée de folie au Cirque Magique !
La compagnie du cirque rugit sous le chapiteau.
Avant que Rudy le Magicien ait pu donner
un coup de sifflet, les lions ont bondi !
Les éléphants ont surgi ! Les girafes ont sauté !
Les ours ont débarqué ! Les singes ont grimpé !
Les clowns ont culbuté sur scène et leur ont couru après !
Le Cirque Magique est un cirque fou-fou-fou !

Rudy le Magicien a besoin de ton aide !
Il doit rassembler tous les lions,
éléphants, girafes, ours, singes et clowns !
Cela va prendre trop de temps à tous les compter !
Cela va prendre trop de temps à tous les additionner !
Lions, éléphants, girafes, ours, singes et clowns
doivent faire leur représentation !
Aidons Rudy à trouver des motifs et à multiplier !
Voici ton ticket d'entrée pour le Cirque Magique.

Entre directement et amuse-toi bien !

Trouve un Motif et Multiplie

Tu peux COMPTER les objets un par un mais c'est si **L-O-N-G**.
Tu peux trouver un motif et ADDITIONNER mais c'est trop **L-O-N-G**.
Ou alors, tu peux trouver un motif, MULTIPLIER et aller *vite !*

Compter

Additionner

4
4
4
4
4
+4
―――
24

Multiplier

4 x 6 = 24
4 six fois = 24

4
x6
―――
24

24
―――

24 étapes
Si long

6 étapes
Long

1 étape !
Rapide !

Recherche les motifs. Chaque apparaît en rangée de 4.

Il y a 6 rangées d' .

Tu peux **ADDITIONNER** : 4+4+4+4+4+4=24 **LENT**

Tu peux **MULTIPLIER** :   4 X 6 = 24 ***RAPIDE !!!!***

Recherche les Motifs

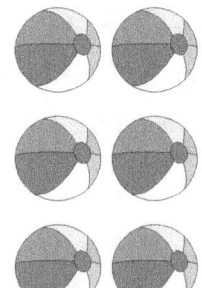

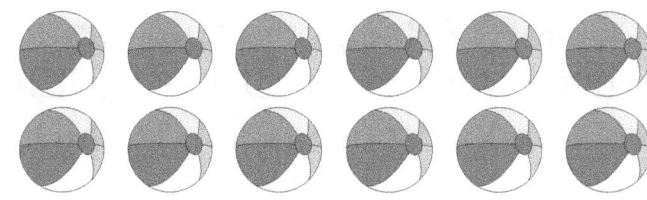

2 lignes de six est la même chose que 6 lignes de deux.

Tourne la page horizontalement pour contrôler.

$$6 \times 2 = 12$$
$$2 \times 6 = 12$$

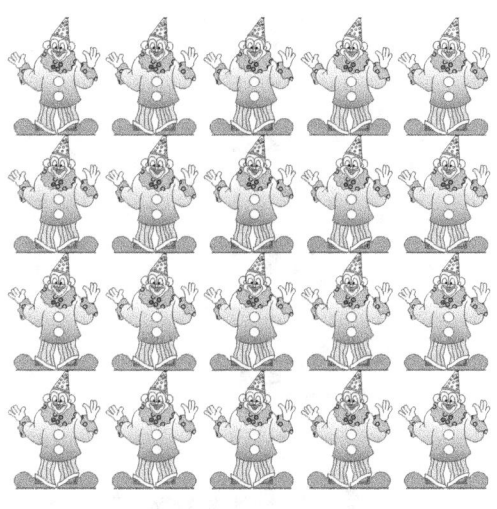

Trouve le motif:

4 ensembles de cinq ?

Tourne la page horizontalement.

5 ensembles de quatre ?

Complète : 5 x __ = 20 $4 \times \underline{} = 20$

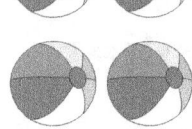

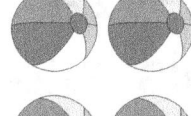

Trouve le motif:
2 ensembles de neuf ?
9 ensembles de deux ?

Complète : 9 x __ = 18 $2 \times \underline{} = 18$

Trouve un Motif et Multiplie

5 x ___ = 15
3 x ___ = 15

6 x ___ = 24
4 x ___ = 24

7 x ___ = 14
2 x ___ = 14

5 x ___ = 5
1 x ___ = 5

TeaCHildMath™ 3

Qu'est-ce que la multiplication ?
Multiplions les points et voyons !

Multiplie 2 x 3 sur la grille.
Que découvres-tu quand tu tournes la page horizontalement ?
Deux lignes de 3 points est la même chose que trois lignes de 2 points.   2 x 3 = 6   3 X 2 = 6
Maintenant multiplie 3 x 4 et 4 x 3.

X	1	2	3	4	5
1	·	··	···	····	·····
2	:	::	⦅:::⦆	::::	:::::
3	⁝	⦅::⦆⦅::⦆⦅::⦆	::: ::: :::	:::: :::: ::::	::::: ::::: :::::
4	⁝·	:: ::	::: ::: ::: :::	:::: :::: :::: ::::	::::: ::::: ::::: :::::
5	⁝··	:: :: ::	::: ::: ::: ::: :::	:::: :::: :::: :::: ::::	::::: ::::: ::::: ::::: :::::

Le Zéro Magique de Rudy

L'astuce avec le ZERO est : la réponse est toujours ZERO.

1 x 0 = __0__   0 x 1 = __0__
2 x 0 = ____   0 x 2 = ____
3 x 0 = ____   0 x 3 = ____
4 x 0 = ____   0 x 4 = ____
5 x 0 = ____   0 x 5 = ____

La Règle du Zéro Magique de Rudy

Tout nombre multiplié par 0 donne 0.
0 multiplié par tout nombre donne 0.

X	0	1	2	3	4	5	6	7	8	9	10
0	0	0	0	0	0	0	0	0	0	0	0
1	0										
2	0										
3	0										
4	0										
5	0										
6	0										
7	0										
8	0										
9	0										
10	0										

Les Tables Magiques de 1 et 10 !

1 et 10 Super Faciles

Multiplier 1 x 1 à 10 est très facile !
Il faut juste numéroter 1 à 10 !
Pour la table de 10, AJOUTE un 0.
C'est si facile ! Remplis les carrés gris.

X	1	2	3	4	5	6	7	8	9	10
1	1									1_
2	2									2_
3	3									3_
4	4									4_
5	5									5_
6	6									6_
7	7									7_
8	8									8_
9	9									9_
10	10									10_

TeaCHildMath™

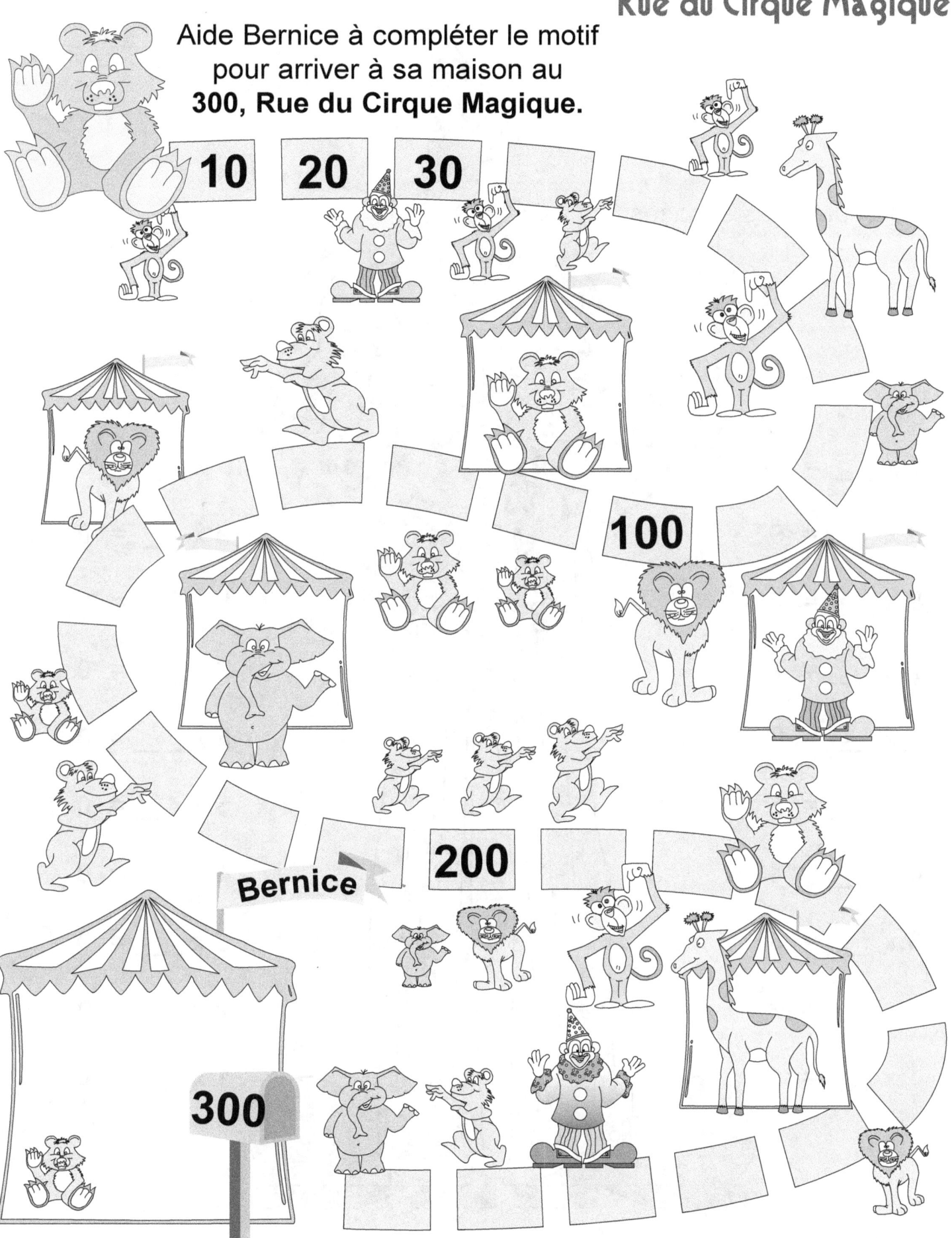

Drôle de Clown!

Complète les espaces.

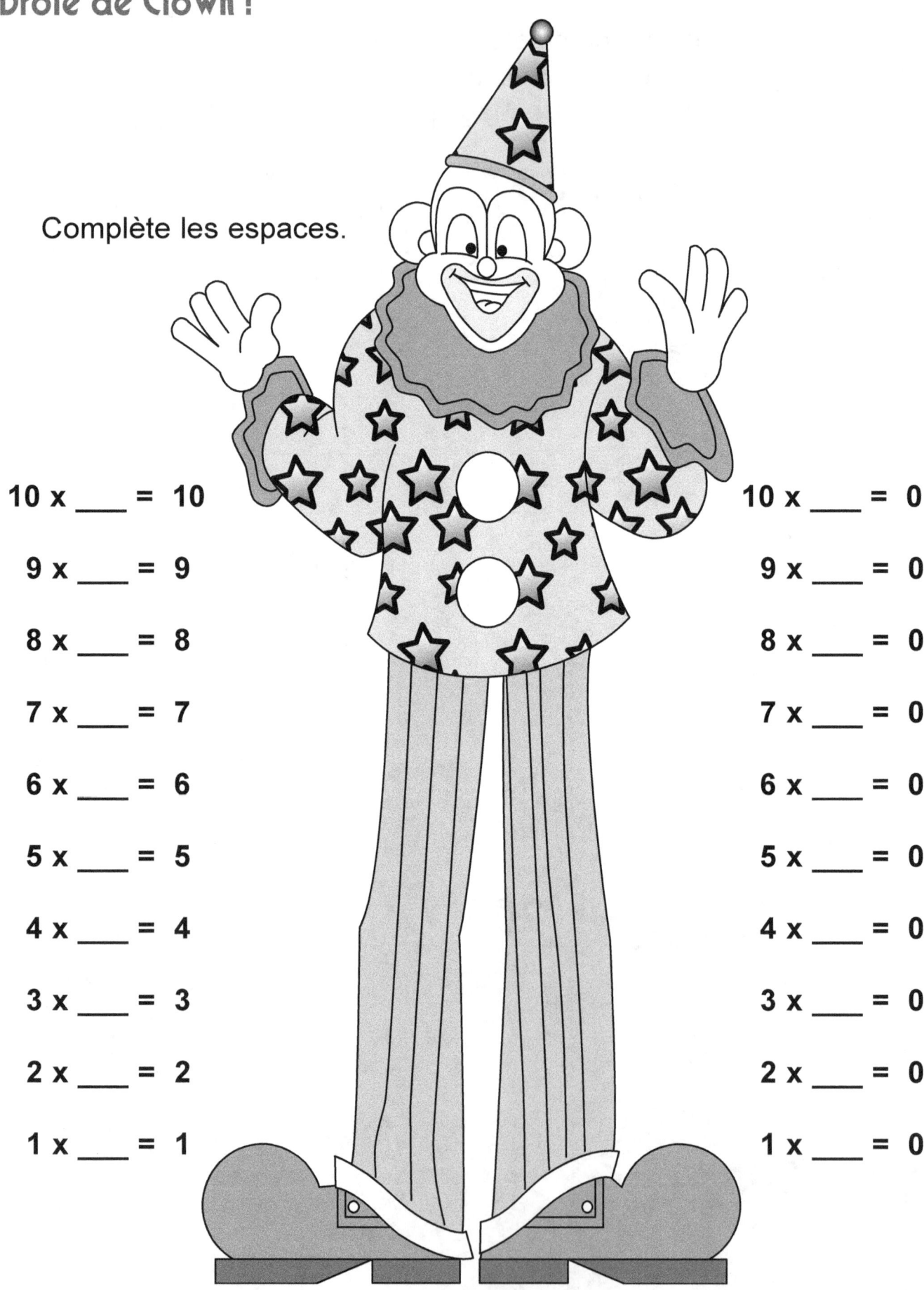

10 x ___ = 10	10 x ___ = 0

9 x ___ = 9	9 x ___ = 0

8 x ___ = 8	8 x ___ = 0

7 x ___ = 7	7 x ___ = 0

6 x ___ = 6	6 x ___ = 0

5 x ___ = 5	5 x ___ = 0

4 x ___ = 4	4 x ___ = 0

3 x ___ = 3	3 x ___ = 0

2 x ___ = 2	2 x ___ = 0

1 x ___ = 1	1 x ___ = 0

Les Friandises du Cirque

Hot Dog .... 3€
Bretzel .... 1€
Barbe à Papa .... 2€

Crème Glacée .... 2€
Popcorn .... 3€
Soda .... 1€

Au cirque, Carla a acheté 10 hot dogs pour ses amis. Combien a-t-elle dépensé ?

____ x ____ = ____ €

Vincent a acheté pour ses 5 frères un soda chacun. Combien a-t-il dépensé ?

____ x ____ = ____ €

Les jumeaux ont acheté 10 sachets de popcorn et 5 sodas. Combien ont-t-ils dépensé ?

____ x ____ = ____ €
____ x ____ = ____ €

Total:
____ + ____ = ____ €

Cindy a acheté 1 crème glacée et 2 sodas. Combien a-t-elle dépensé ?

____ x ____ = ____ €
____ x ____ = ____ €

Total:
____ + ____ = ____ €

Valérie et Laurent ont acheté 10 hot dogs, 7 sodas et 3 bretzels. Combien ont-ils dépensé ?

____ x ____ = ____ €
____ x ____ = ____ €
____ x ____ = ____ €

Total:
____ + ____ + ____ = ____ €

Lise a acheté 6 sodas, 5 bretzels et 10 hot dogs pour sa famille. Combien a-t-elle dépensé ?

____ x ____ = ____ €
____ x ____ = ____ €
____ x ____ = ____ €

Total:
____ + ____ + ____ = ____ €

Spectacle Épatant !

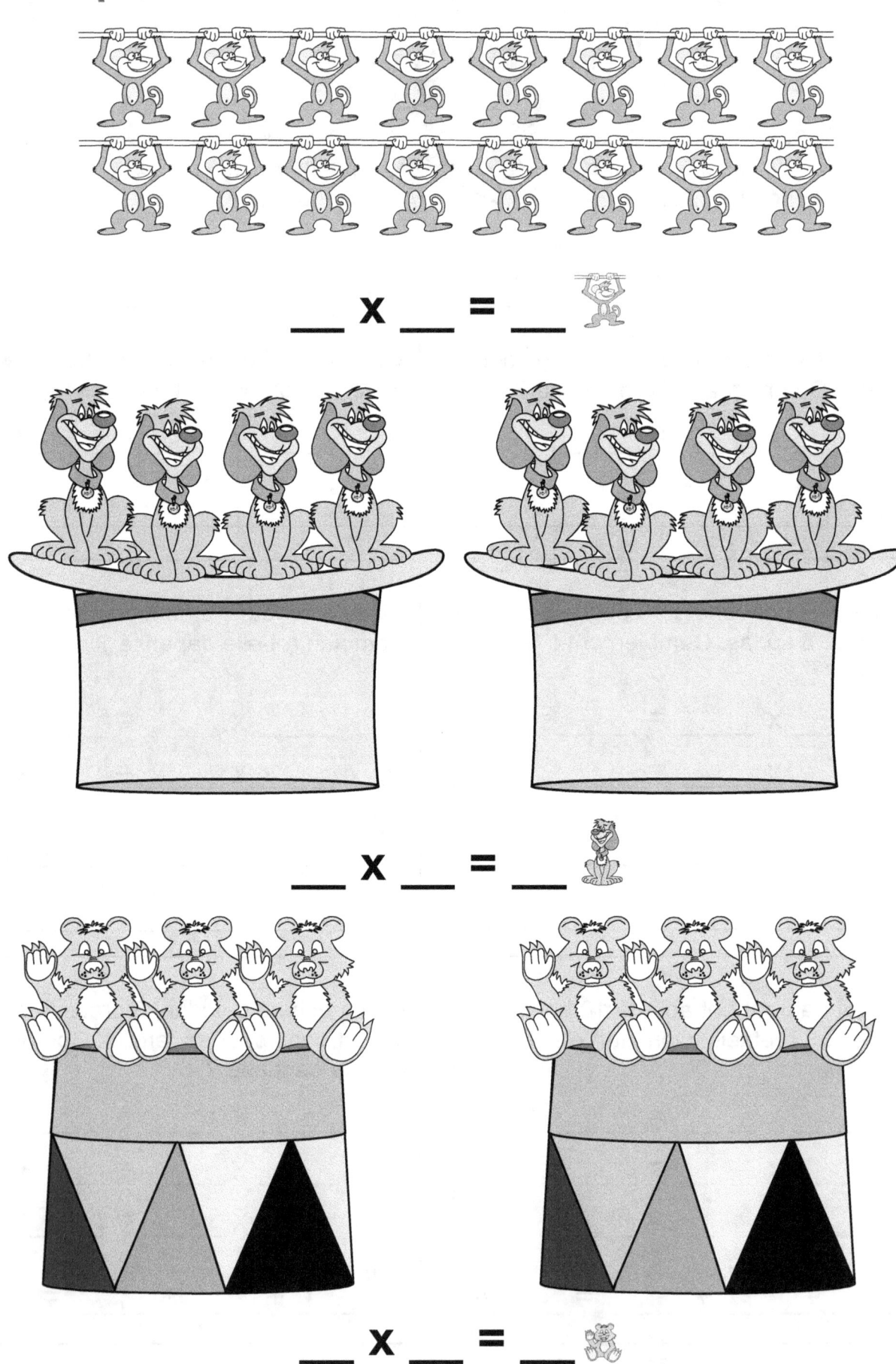

__ x __ = __

__ x __ = __

__ x __ = __

Table de 2

2-4-6-8-0!

Remplis la colonne en gris avec le motif 2-4-6-8-0.
Multiplie la table de 2 dans l'autre sens.
N'est-ce pas facile ?

X	1	2	3	4	5	6	7	8	9	10
1		2								
2		4								
3		6								
4		8								
5		10								
6		1_								
7		1_								
8		1_								
9		1_								
10		2_								

Révision : Tables de 1 et 10

Remplis les carrés gris.

X	1	2	3	4	5	6	7	8	9	10
1										
2										
3										
4										
5										
6										
7										
8										
9										
10										

Révision : Table de 2

Remplis les carrés gris.

X	1	2	3	4	5	6	7	8	9	10
1										
2										
3										
4										
5										
6										
7										
8										
9										
10										

Révision : La Magie de Rudy

Aidons Rudy à résoudre les calculs suivants.
Rapelle-toi que 6 x 3 est la même chose que 3 x 6.
L'ordre des chiffres n'a pas d'importance quand on multiplie.

2 x _5_ = 10	2 x ___ = 16	10 x ___ = 90
5 x ___ = 10	8 x ___ = 16	9 x ___ = 90
2 x ___ = 12	2 x ___ = 8	10 x ___ = 10
6 x ___ = 12	4 x ___ = 8	1 x ___ = 10
2 x ___ = 6	2 x ___ = 18	10 x ___ = 50
3 x ___ = 6	9 x ___ = 18	5 x ___ = 50
2 x ___ = 14	2 x ___ = 2	10 x ___ = 20
7 x ___ = 14	1 x ___ = 2	2 x ___ = 20
9 x ___ = 0	2 x ___ = 4	7 x ___ = 0

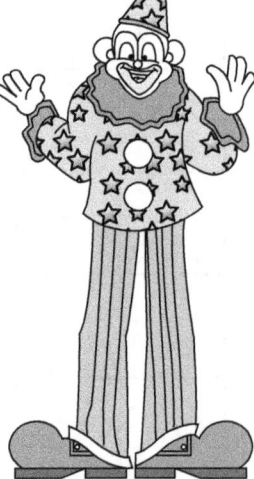

Rue du Cirque Magique

Aide Rudy à compléter le motif pour arriver à sa maison au **100, Rue du Cirque Magique**.

2 4 6 8 10 … 20 … 30 … 40 … 50 … 60 … 70 … 80 … 90 … 100

Parade du Cirque

Aidons Rudy avec le Cirque Magique.

Combien y a-t-il de clowns au total ? __2__ x __3__ = __6__

Combien y a-t-il de girafes au total ? ____ x ____ = ____

Combien y a-t-il d'ours au total ? ____ x ____ = ____

Combien y a-t-il de singes au total ? ____ x ____ = ____

Si tu connais la Table de 2, tu connais celle de 8 !

Remplis la table de 8. Remarque que le dernier chiffre se répète suivant le motif **2-4-6-8** de la table de 2 dans l'ordre *inverse*.
0 suit toujours le dernier chiffre dans le motif.
Le motif **8-6-4-2-0** se répète après 40.
Remplis ensuite les tables de 2 et 8 horizontalement.

X	1	2	3	4	5	6	7	8	9	10
1		2						8		
2		4						16		
3		6						24		
4		8						32		
5		10						40		
6		12						4_		
7		14						5_		
8		16						6_		
9		18						7_		
10		20						8_		

Révision : Table de 8

Remplis les colonnes pour les tables de 2 et de 8.
Remarque que les multiples de la table de 8 sont
4 fois plus grands que ceux de la table de 2.
Exemple : 2 et 8, 10 et 40.
Pourquoi cela ?

X	1	2	3	4	5	6	7	8	9	10
1										
2	2	4	6	8	10	12	14	16	18	20
3										
4										
5										
6										
7										
8	8	16	24	32	40	48	56	64	72	80
9										
10										

Drôle de Clown !

Remplis les espaces.

8 x ___ = 24

3 x ___ = 24

2 x ___ = 18

9 x ___ = 18

8 x ___ = 56

7 x ___ = 56

8 x ___ = 40

5 x ___ = 40

2 x ___ = 14

7 x ___ = 14

8 x ___ = 32

4 x ___ = 32

2 x ___ = 12

6 x ___ = 12

8 x ___ = 48

6 x ___ = 48

8 x ___ = 16

2 x ___ = 16

8 x ___ = 72

9 x ___ = 72

Le Cirque Magique

Aidons Rudy avec le Cirque Magique.

Combien de girafes y a-t-il au total ? ___ x ___ = ___

Combien de singes y a-t-il au total ? ___ x ___ = ___

Révision : Tables de 2 et de 8

Remplis les carrés gris.

4-8-2-6-0
Maintenant tu connais la Table de 4 !

Remplis la table de 4. Remarque le motif **4-8-2-6-0** qui se répète après 20. Plutôt sympa, n'est-ce-pas ? Remplis la table de 4 horizontalement.

X	1	2	3	4	5	6	7	8	9	10
1				4						
2				8						
3				12						
4				16						
5				20						
6				2_						
7				2_						
8				3_						
9				3_						
10				4_						

TeaCHildMath™

Les Stars du Cirque

Peux-tu recopier Rudy dans la grille vide ?

Drôle de Clown !

Remplis les espaces.

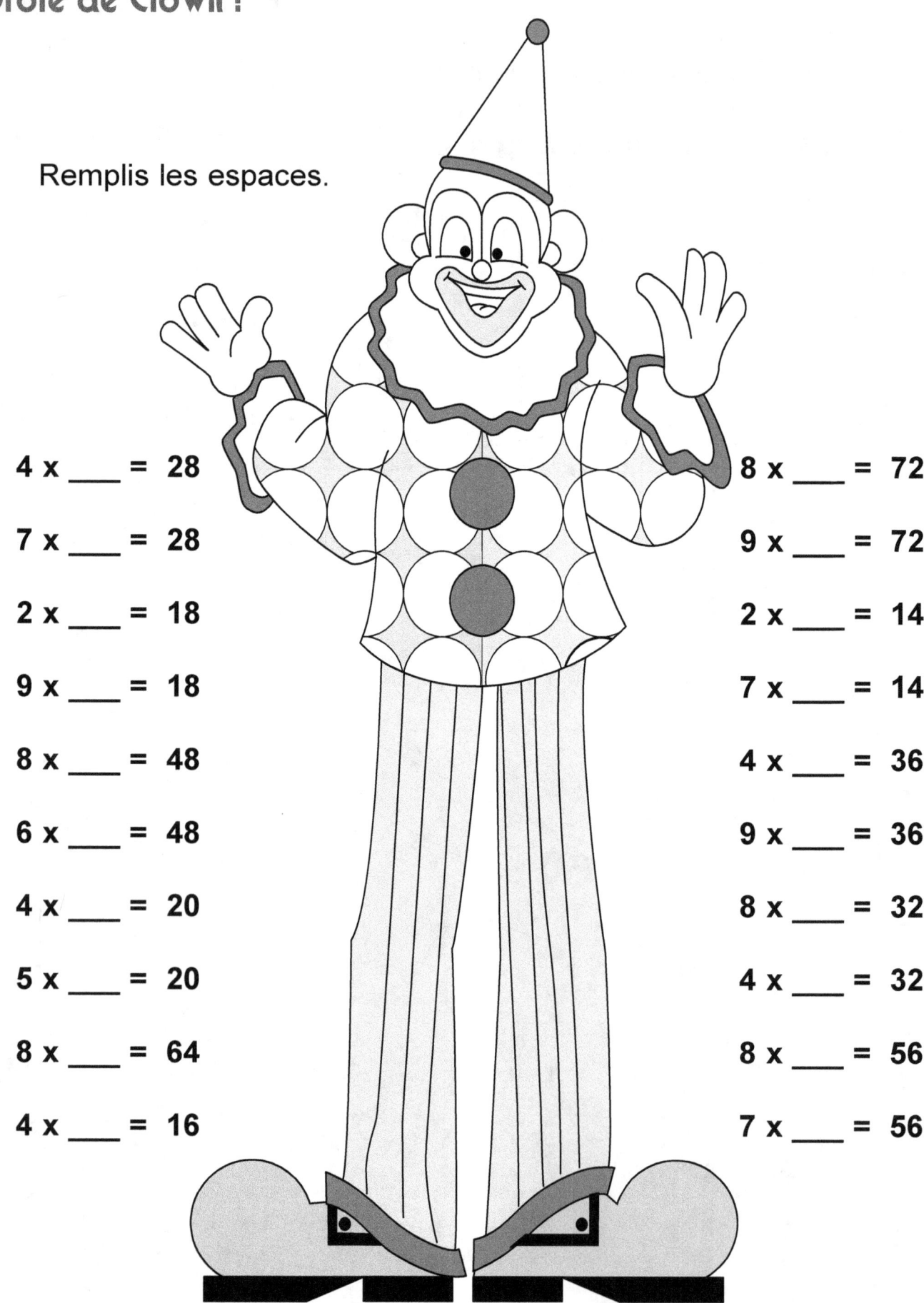

4 x ___ = 28

7 x ___ = 28

2 x ___ = 18

9 x ___ = 18

8 x ___ = 48

6 x ___ = 48

4 x ___ = 20

5 x ___ = 20

8 x ___ = 64

4 x ___ = 16

8 x ___ = 72

9 x ___ = 72

2 x ___ = 14

7 x ___ = 14

4 x ___ = 36

9 x ___ = 36

8 x ___ = 32

4 x ___ = 32

8 x ___ = 56

7 x ___ = 56

Les Friandises du Cirque

Hot Dog..................3€
Bretzel...................1€
Barbe à Papa..........2€

Crème Glacée............2€
Popcorn.....................3€
Soda...........................1€

Au cirque, Erica a acheté 8 bretzels pour ses amis. Combien a-t-elle dépensé ?

____ x ____ = ____ €

Frank a acheté pour ses 4 frères un soda chacun. Combien a-t-il dépensé ?

____ x ____ = ____ €

Les jumeaux ont acheté 4 sachets de popcorn et 4 sodas. Combien ont-t-ils dépensé ?

____ x ____ = ____ €
____ x ____ = ____ €

Total:
____ + ____ = ____ €

Martha a acheté 8 crèmes glacées et 10 sodas. Combien a-t-elle dépensé ?

____ x ____ = ____ €
____ x ____ = ____ €

Total:
____ + ____ = ____ €

Charles et Laura ont acheté 4 hot dogs, 3 sodas et 2 crèmes glacées. Combien ont-ils dépensé ?

____ x ____ = ____ €
____ x ____ = ____ €
____ x ____ = ____ €

Total:
____ + ____ + ____ = ____ €

Lucie a acheté 6 sodas, 5 bretzels et 8 hot dogs pour sa famille. Combien a-t-elle dépensé ?

____ x ____ = ____ €
____ x ____ = ____ €
____ x ____ = ____ €

Total:
____ + ____ + ____ = ____ €

2 et 4 Magiques !

Remplis les colonnes du 2 et du 4. Remarque que les multiples de la table de 4 sont 2 fois plus grands que ceux de la table de 2. Pourquoi cela ?

X	1	2	3	4	5	6	7	8	9	10
1										
2	2	4	6	8	10	12	14	16	18	20
3										
4	4	8	12	16	20	24	28	32	36	40
5										
6										
7										
8										
9										
10										

4 et 8 Magiques!

Remplis les colonnes du 4 et du 8. Remarque que les multiples de la table de 8 sont 2 fois plus grands que ceux de la table de 4. Pourquoi cela ?

X	1	2	3	4	5	6	7	8	9	10
1										
2										
3										
4	4	8	12	16	20	24	28	32	36	40
5										
6										
7										
8	8	16	24	32	40	48	56	64	72	80
9										
10										

Révision des 2 et 4 Magiques

Remplis les carrés gris.

X	1	2	3	4	5	6	7	8	9	10
1										
2										
3										
4										
5										
6										
7										
8										
9										
10										

Révision des 4 et 8 Magiques

Remplis les carrés gris.

X	1	2	3	4	5	6	7	8	9	10
1										
2										
3										
4										
5										
6										
7										
8										
9										
10										

Enquête sur les Friandises du Cirque

Les enfants ont voté pour leur friandise favorite au cirque. Voici les résultats.

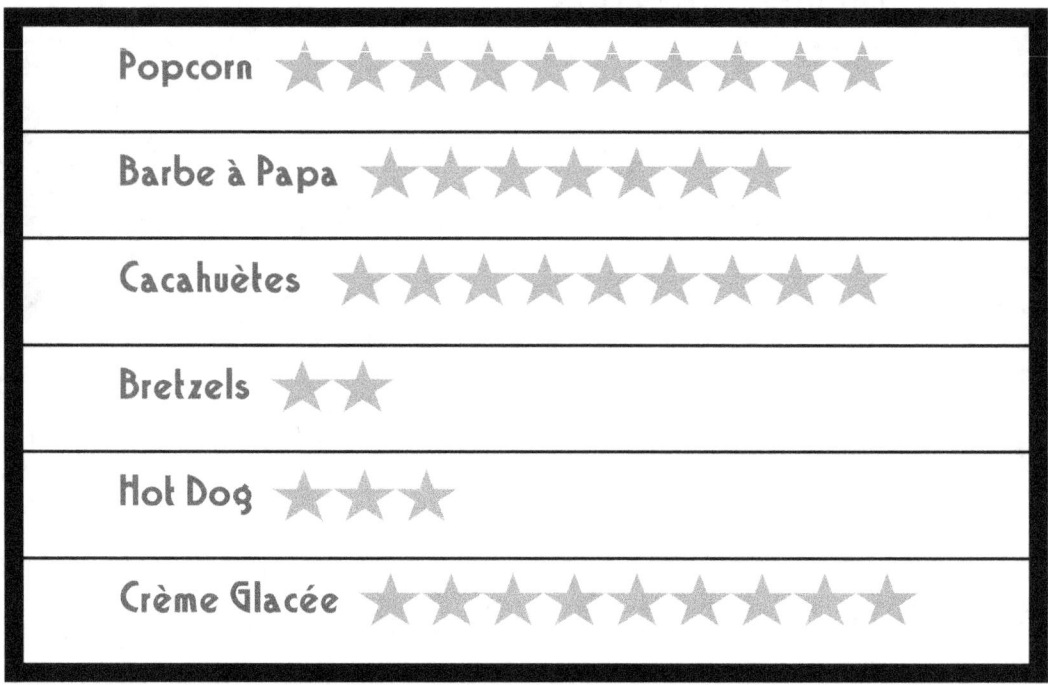

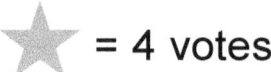 = 4 votes

1. Quelle friandise a obtenu 28 votes ? _____

2. Combien de votes ont obtenu les bretzels ? _____

3. Quelle friandise a obtenu plus de votes que la crème glacée ? _____

4. Quelle est la friandise la moins appréciée ? _____

5. Quelle friandise a obtenu 36 votes ? _____

6. Quelle est la friandise la plus populaire ? _____

7. Laquelle de ces friandises est ta favorite? _____

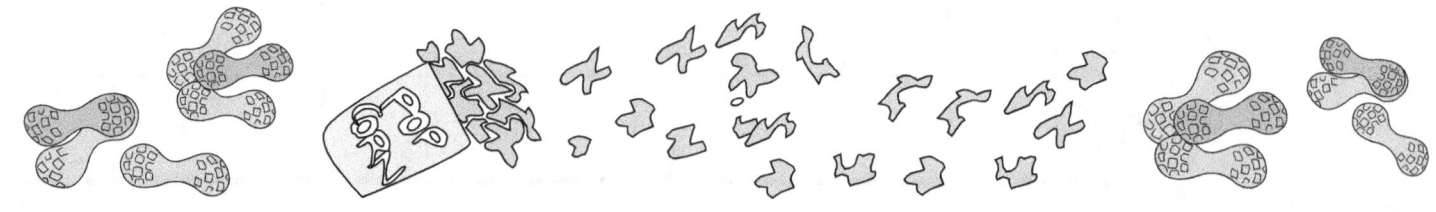

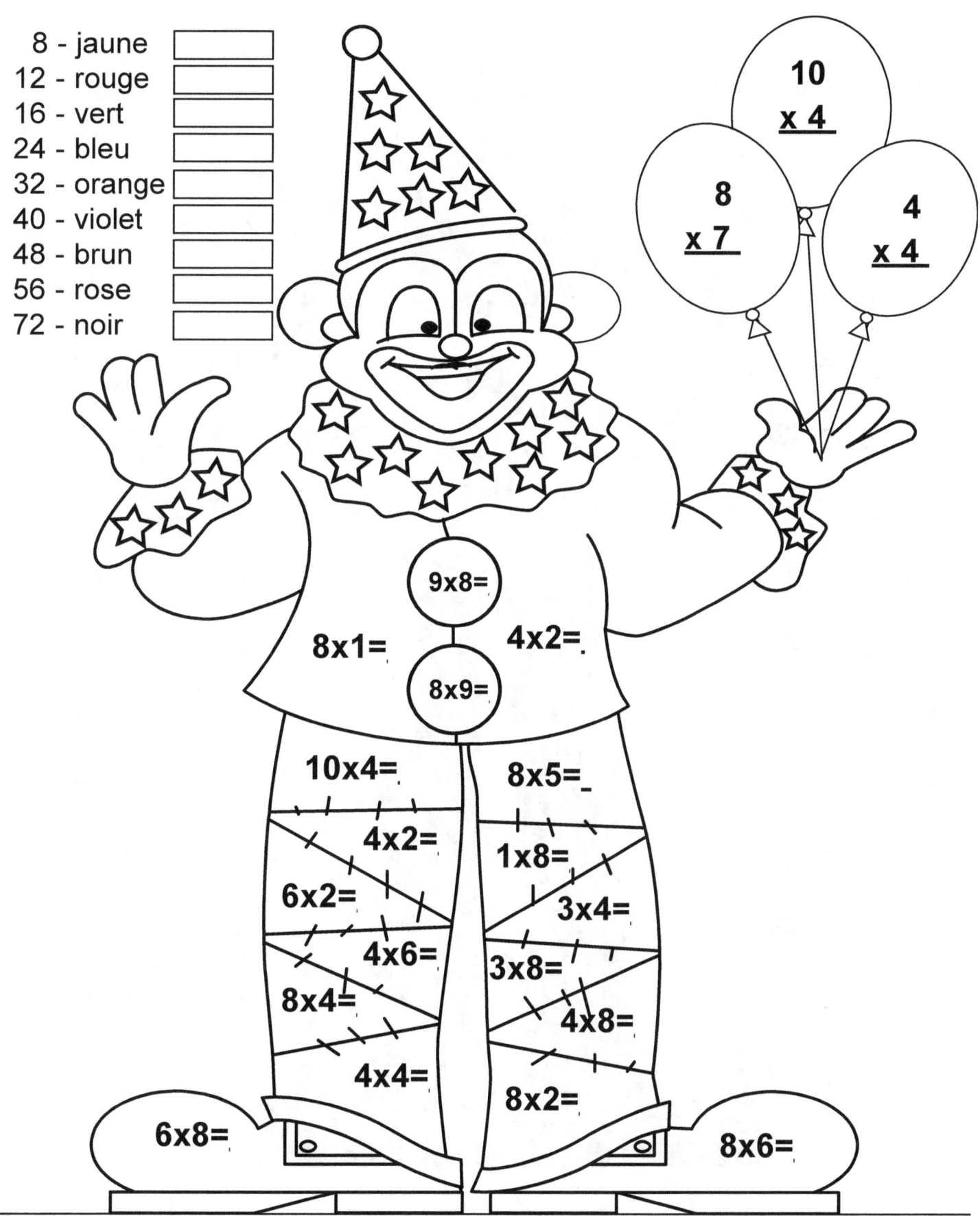

Drôle de Clown !

Remplis les espaces.

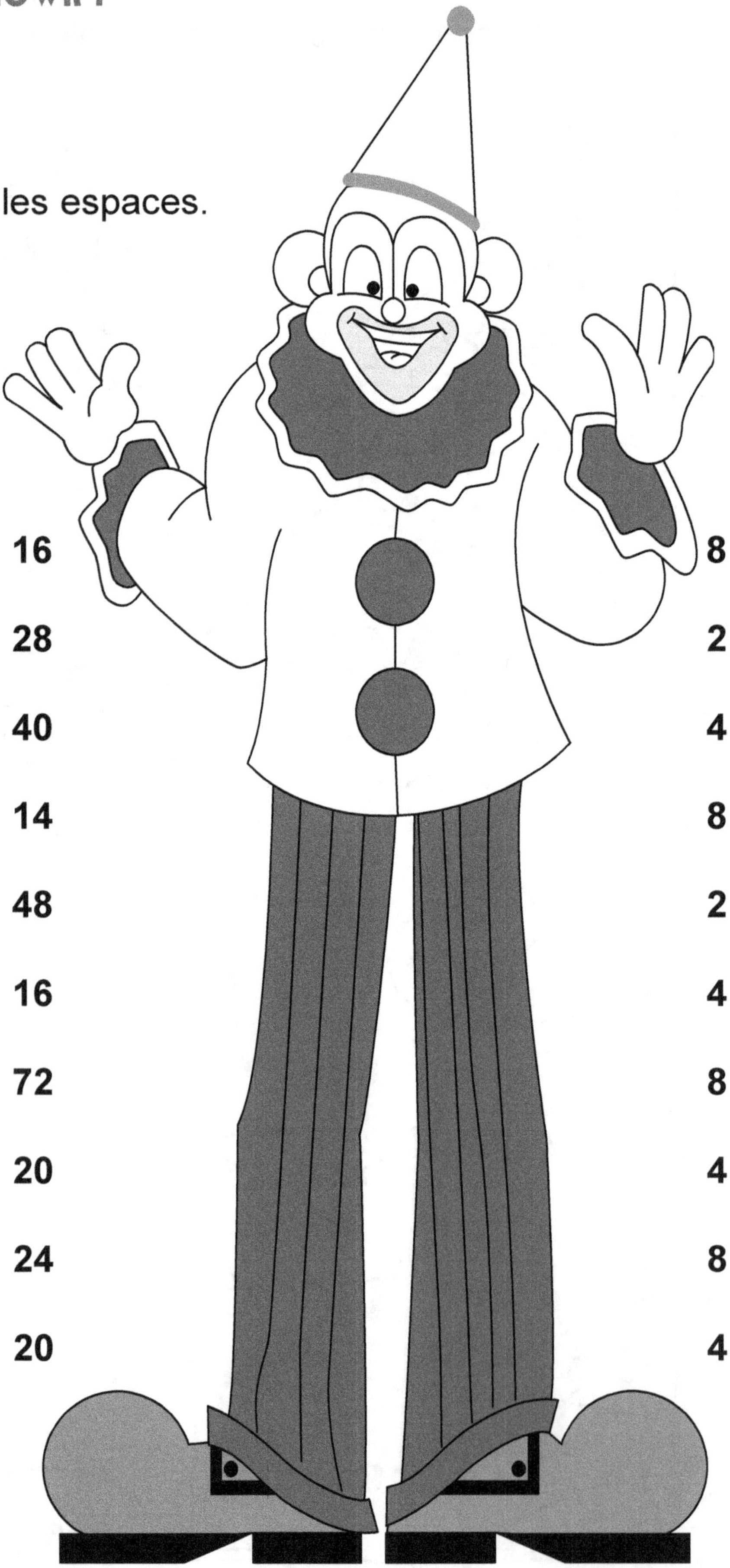

2 x ___ = 16   8 x ___ = 32

4 x ___ = 28   2 x ___ = 18

8 x ___ = 40   4 x ___ = 36

2 x ___ = 14   8 x ___ = 56

8 x ___ = 48   2 x ___ = 10

4 x ___ = 16   4 x ___ = 12

8 x ___ = 72   8 x ___ = 16

4 x ___ = 20   4 x ___ = 24

8 x ___ = 24   8 x ___ = 64

2 x ___ = 20   4 x ___ = 40

Code Secret pour la Table de 6 ?

Teste tes compétences avec les tables de 2, 4 et 8.
Peux-tu remplir la table de 6 ?
Elle a également un motif.

X	2	4	6	8
1	2	4	<u>6</u>	8
2	_	_	1<u>2</u>	1_
3	_	1_	1<u>8</u>	2_
4	_	1_	2<u>4</u>	3_
5	10	20	3<u>0</u>	40
6	1_	2_	3_	4_
7	1_	2_	4_	5_
8	1_	3_	4_	6_
9	1_	3_	5_	7_
10	20	40	60	80

As-tu trouvé le code? C'est 6-2-8-4-0!

Remplis la table de 6. Remarque le motif **6-2-8-4-0** qui se répète après 30.
Remplis la table de 6 horizontalement.

X	1	2	3	4	5	6	7	8	9	10
1						6				
2						12				
3						18				
4						24				
5						30				
6						3_				
7						4_				
8						4_				
9						5_				
10						6_				

CACAHUÈTE ÉLÉPHANT

Rue du Cirque Magique

Aide Tiny à compléter le motif pour arriver à sa maison au **150, Rue du Cirque Magique.**

Enquête sur les Friandises du Cirque

Les enfants ont voté pour leur friandise favorite au cirque. Voici les résultats.

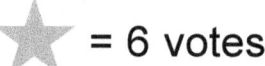 = 6 votes

1. Quelle friandise a obtenu 36 votes ? _____

2. Combien de votes ont obtenu les crèmes glacées? _____

3. Quelle friandise a obtenu plus de votes que la crème glacée ? _____

4. Quelle est la friandise la moins appréciée ? _____

5. Quelle friandise a obtenu 42 votes ? _____

6. Quelle est la friandise la plus populaire ? _____

7. Laquelle de ces friandises est ta favorite? _____

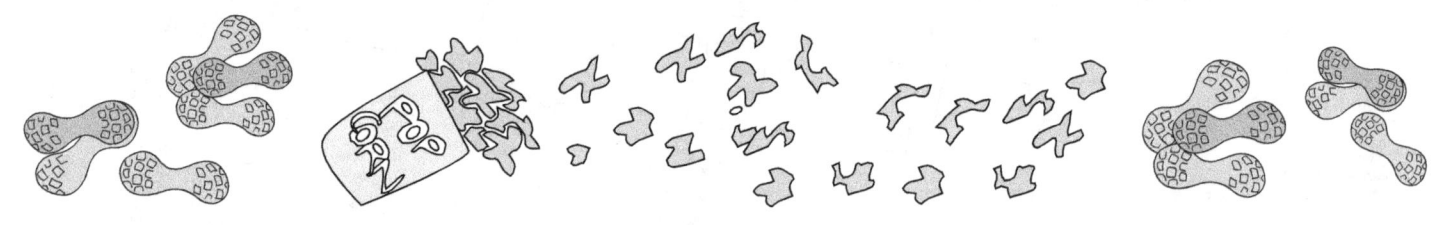

2, 4, 6 et 8 Magiques !

Remplis les colonnes des tables de 2, 4, 6 et 8.

X	1	2	3	4	5	6	7	8	9	10
1										
2	2	4	6	8	10	12	14	16	18	20
3										
4	4	8	12	16	20	24	28	32	36	40
5										
6	6	12	18	24	30	36	42	48	54	60
7										
8	8	16	24	32	40	48	56	64	72	80
9										
10										

Les Stars du Cirque

Peux-tu recopier Tiny dans la grille vide ?

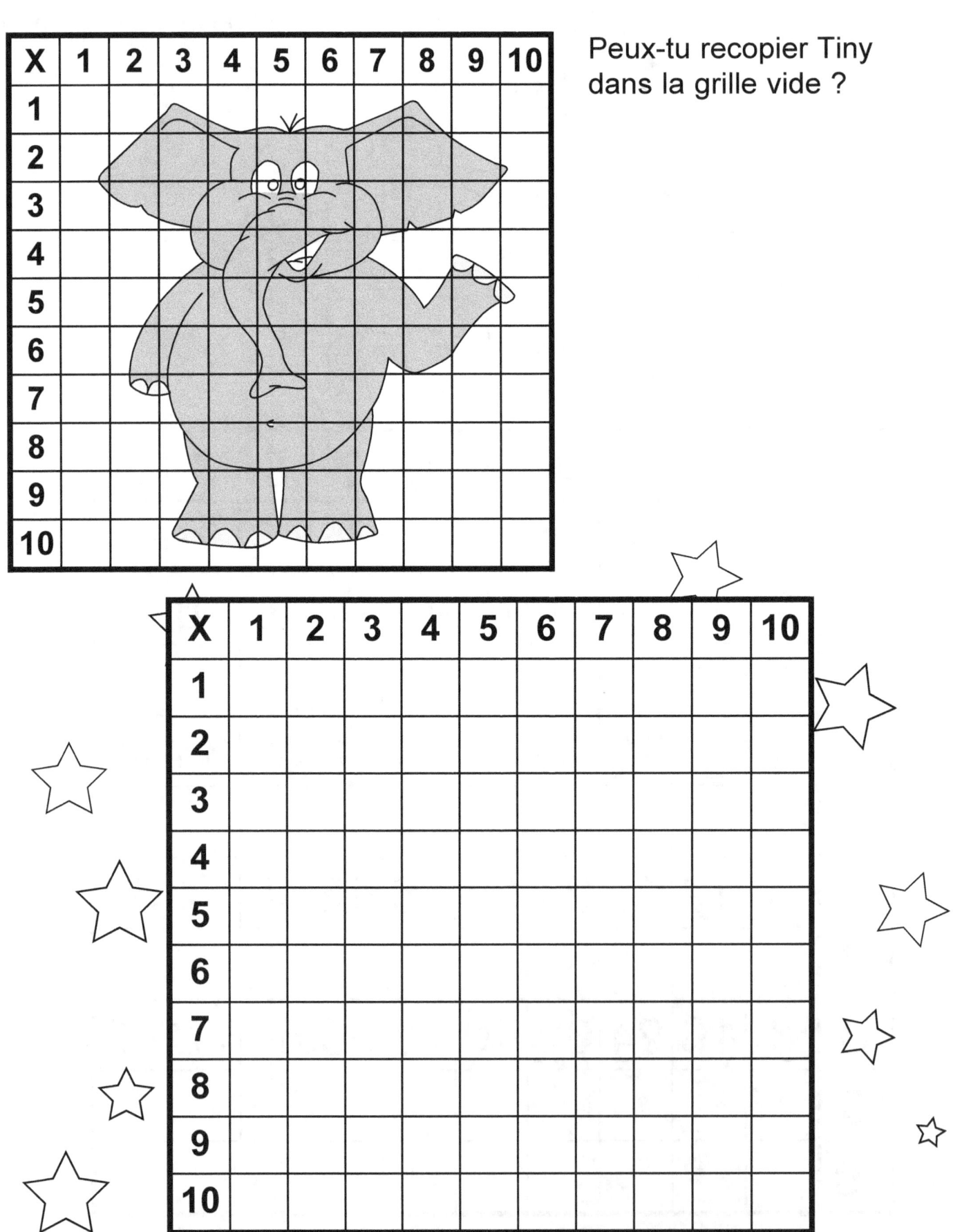

Motifs Entrecroisés

Le motif pour la table de 8 est l'**inverse** de celui de la table de 2, suivi du 0.
Le motif pour la table de 6 est l'**inverse** de celui de la table de 4, suivi du 0.
Peux-tu remplir le reste ?

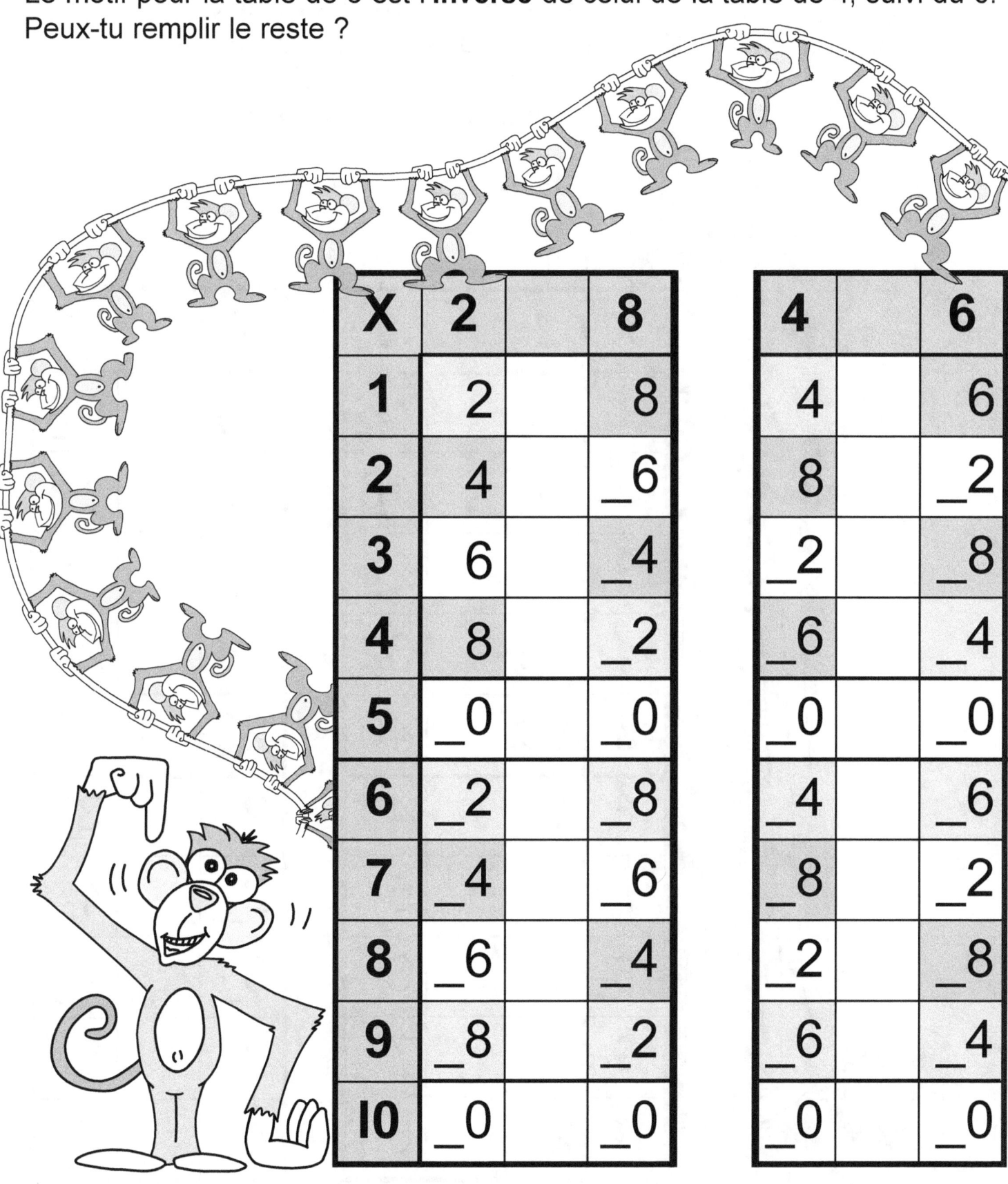

X	2		8		4		6
1	2		8		4		6
2	4		_6		8		_2
3	6		_4		_2		_8
4	8		_2		_6		_4
5	_0		_0		_0		_0
6	_2		8		_4		6
7	_4		6		8		_2
8	_6		_4		_2		_8
9	8		_2		_6		_4
10	_0		_0		_0		_0

Révision des Motifs

Te souviens-tu des motifs ?

Table de 2 : **2-4-6-8** suivi du **0**.
Table de 8 : **8-6-4-2** suivi du **0**.
Table de 4 : **4-8-2-6** suivi du **0**.
Table de 6 : **6-2-8-4** suivi du **0**.

Peux-tu remplir le reste ?

X	2		8	4		6
1	2		8	4		6
2	4		16	8		12
3	6		24	12		18
4	8		32	16		24
5	10		40	20		30
6	1_		4_	2_		3_
7	1_		5_	2_		4_
8	1_		6_	3_		4_
9	1_		7_	3_		5_
10	2_		8_	4_		6_

Trois Spectacles Incroyables !

Il y a _____ éléphants sur la scène. Chaque éléphant tient _____ ballons. Combien de ballons y a-t-il au total ?

_____ x _____ = _____

Il y a _____ clowns sur la scène. Chaque clown tient _____ balles. Combien de balles y a-t-il au total ?

_____ x _____ = _____

Il y a _____ singes sur la scène. Chaque singe tient _____ sucettes. Combien de sucettes y a-t-il au total ?

_____ x _____ = _____

Les Stars du Cirque

Peux-tu recopier Sam dans la grille vide ?

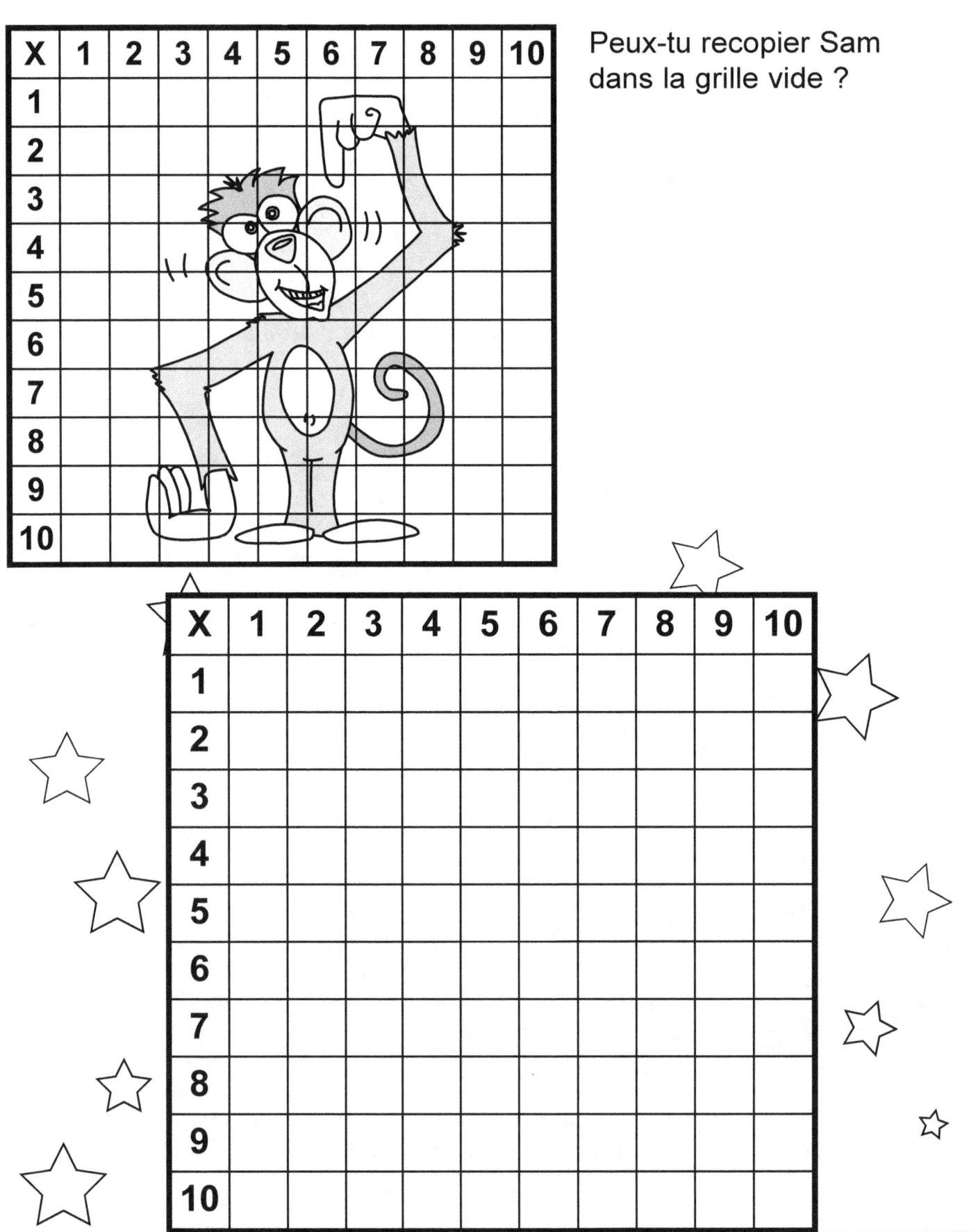

44   TeaCHildMath™

Le Code Secret de Rudy pour les Tables de 2, 4, 6 et 8 !

1er indice secret : le motif se répète après 10, 20, 30 et 40.
2ème indice secret : le motif de la table de 8 est la table de 2 **inversée.**
3ème indice secret : le motif de la table de 6 est la table de 4 **inversée.**
4ème indice secret : les tables de 2, 4, 6 et 8 finissent par des combinaisons de **2-4-6-8** suivies de **0**.

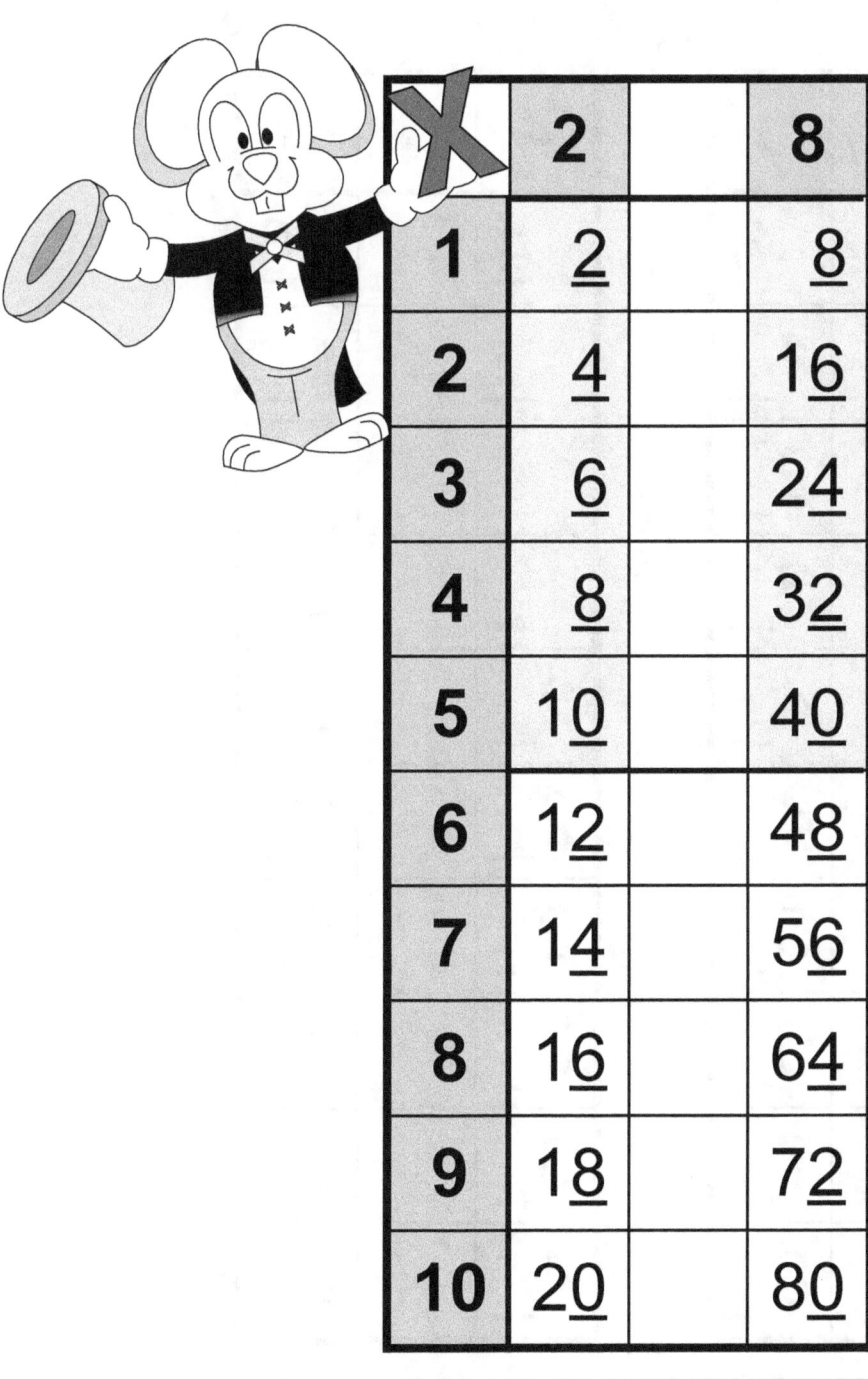

x	2		8
1	2		8
2	4		16
3	6		24
4	8		32
5	10		40
6	12		48
7	14		56
8	16		64
9	18		72
10	20		80

4		6
4		6
8		12
12		18
16		24
20		30
24		36
28		42
32		48
36		54
40		60

Te souviens-tu du Code Secret ?

Indice Secret : les motifs se répètent après 10, 20, 30 et 40.

X	2		8
1	2		8
2	_		1_
3	_		2_
4	_		3_
5	1_		4_
6	1_		4_
7	1_		5_
8	1_		6_
9	1_		7_
10	2_		8_

4		6
4		6
_		1_
1_		1_
1_		2_
2_		3_
2_		3_
2_		4_
3_		4_
3_		5_
4_		6_

TeaCHildMath™

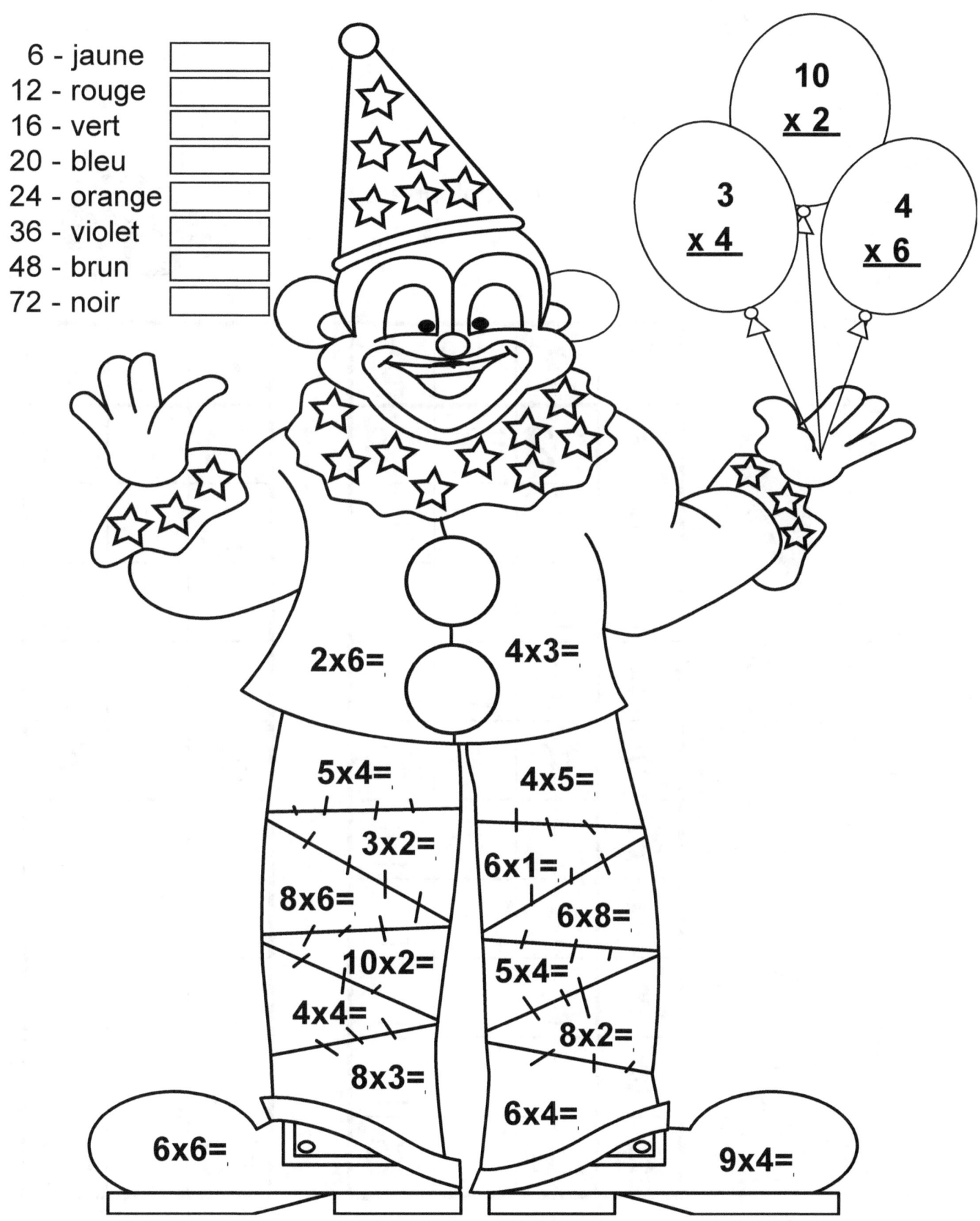

Le Défi du Code Secret

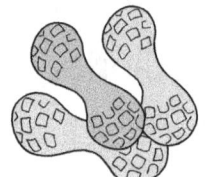

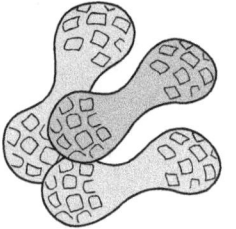

Remplis les colonnes.

X	2		8	4		6
1	2		8	4		6
2	—		—	—		—
3	—		—	—		—
4	—		—	—		—
5	10		40	20		30
6	—		—	—		—
7	—		—	—		—
8	—		—	—		—
9	—		—	—		—
10	20		80	40		60

Aidons Rudy à résoudre les calculs suivants.

8 x 3 = ___	4 x ___ = 24	8 x 7 = ___
2 x 7 = ___	4 x ___ = 36	9 x 6 = ___
4 x 4 = ___	5 x ___ = 30	6 x 7 = ___
2 x 8 = ___	8 x ___ = 32	9 x 8 = ___
0 x 8 = ___	8 x ___ = 72	6 x 8 = ___
2 x 3 = ___	4 x ___ = 40	8 x 8 = ___
8 x 5 = ___	6 x ___ = 24	8 x 6 = ___
4 x 3 = ___	3 x ___ = 18	6 x 3 = ___
2 x ___ = 12	4 x ___ = 32	8 x ___ = 56
5 x ___ = 10	5 x ___ = 20	6 x ___ = 36
6 x ___ = 12	8 x ___ = 16	2 x ___ = 18
2 x ___ = 20	3 x ___ = 24	6 x ___ = 30
9 x ___ = 36	5 x ___ = 40	10 x ___ = 100

La Révision Magique des Tables de 2, 4, 6 et 8

Remplis les carrés gris.

x	1	2	3	4	5	6	7	8	9	10
1										
2										
3										
4										
5										
6										
7										
8										
9										
10										

Recherche les Pairs

Entoure tous les multiples pairs.
Que découvres-tu ?

Nombre **PAIR** x Nombre **PAIR** = _____
Nombre **PAIR** x Nombre **IMPAIR** = _____

X	1	2	3	4	5	6	7	8	9	10
1	1	2	3	4	5	6	7	8	9	10
2	2	4	6	8	10	12	14	16	18	20
3	3	6	9	12	15	18	21	24	27	30
4	4	8	12	16	20	24	28	32	36	40
5	5	10	15	20	25	30	35	40	45	50
6	6	12	18	24	30	36	42	48	54	60
7	7	14	21	28	35	42	49	56	63	70
8	8	16	24	32	40	48	56	64	72	80
9	9	18	27	36	45	54	63	72	81	90
10	10	20	30	40	50	60	70	80	90	100

Décodes-tu les MOTIFS ?

Ecris le problème de multiplication pour :

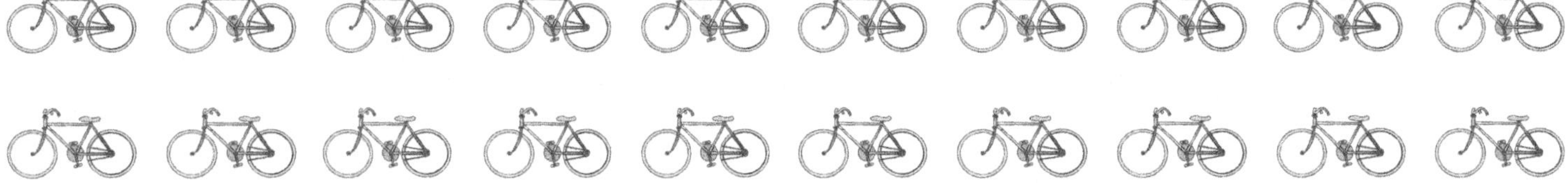

2 rangées de 10 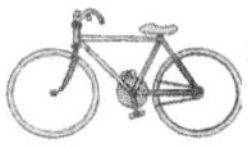 = ____ 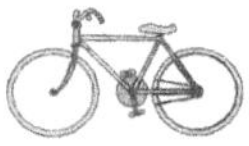

2 x 10 = ____

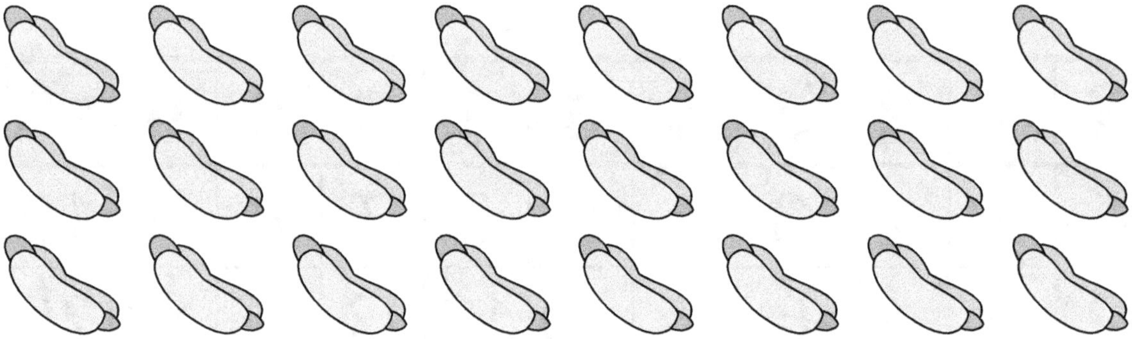

___ rangées de ___ 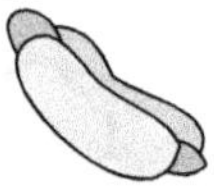 = ____ 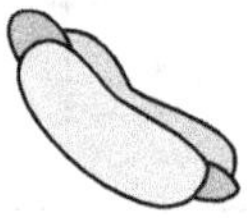

___ x ___ = ____

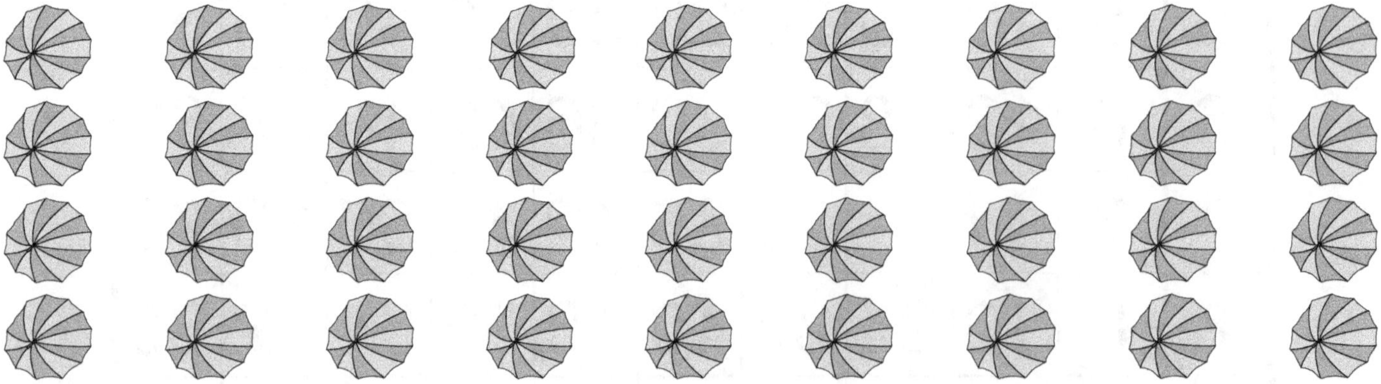

___ rangées de ___ 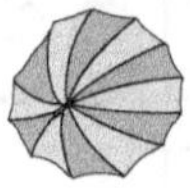 = ____ 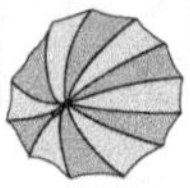

___ x ___ = ____

Multiplier les Pairs

Remplis les tables de 2, 4, 6, 8 et 10.

X	1	2	3	4	5	6	7	8	9	10
1										
2										
3										
4										
5										
6										
7										
8										
9										
10										

Le Derby des Clowns

Qui a gagné ?

Remplis les espaces.

3 x ___ = 24   8 x ___ = 56   6 x ___ = 42

4 x ___ = 12   5 x ___ = 30   7 x ___ = 28

1 x ___ = 10   9 x ___ = 72   2 x ___ = 10

6 x ___ = 18   4 x ___ = 16   3 x ___ = 30

2 x ___ = 16   8 x ___ = 40   5 x ___ = 10

7 x ___ = 14   9 x ___ = 36   6 x ___ = 54

5 x ___ = 40   3 x ___ = 12   4 x ___ = 20

8 x ___ = 72   8 x ___ = 32   6 x ___ = 48

4 x ___ = 24   8 x ___ = 48   3 x ___ = 18

5 x ___ = 50   2 x ___ = 18   2 x ___ = 20

6 x ___ = 24   8 x ___ = 64   6 x ___ = 36

4 x ___ = 36   *Bon travail !*   2 x ___ = 14

Pair ou Impair ?

Pair x Pair = **PAIR**
Pair x Impair = **PAIR**   Impair x Pair = **PAIR**
Impair x Impair = **IMPAIR**

Remarque le motif de la marelle des multiples **impairs**. Tourne la page horizontalement. Remarque ainsi que 4 x 2 est la même chose que 2 x 4. Vérifie pour les autres points multiples.

X	1	2	3	4	5
1	•	••	•••	••••	•••••
2	• •	•• ••	••• •••	•••• ••••	••••• •••••
3	• • •	•• •• ••	••• ••• •••	•••• •••• ••••	••••• ••••• •••••
4	• • • •	•• •• •• ••	••• ••• ••• •••	•••• •••• •••• ••••	••••• ••••• ••••• •••••
5	• • • • •	•• •• •• •• ••	••• ••• ••• ••• •••	•••• •••• •••• •••• ••••	••••• ••••• ••••• ••••• •••••

Peux-tu multiplier les POINTS ?

Pair x Pair = **PAIR**
Pair x Impair = **PAIR**   Impair X Pair = **PAIR**
Impair x Impair = **IMPAIR**

Remplis les carrés avec le nombre de points correspondant au multiple. Remarque que les carrés GRISES représentent les multiples IMPAIRS.

X	1	2	3	4	5
1	•	••	•••	••••	•••••
2					
3					
4					
5					

Pair ou Impair ?

Entoure chaque paire de  :

8 🚲 4 fois = <u>32</u> 🚲
8 X 4 = 32

Quand tu as groupé par paires, y avait-il un 🚲 restant ?

Oui ____   Non ✓

32 est un nombre pair.

Fais de même avec les  :

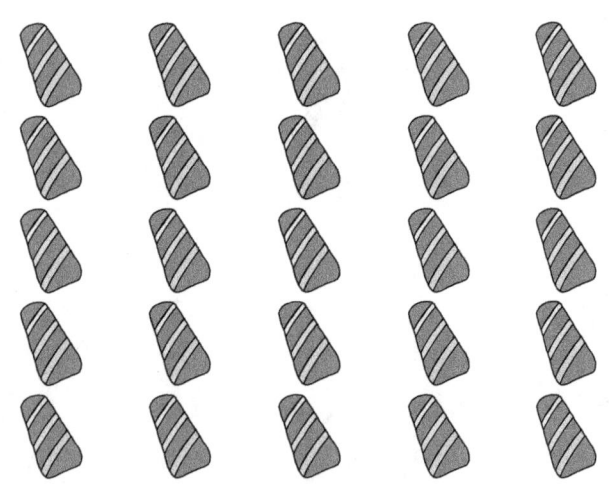

5 ▧ 5 fois = ____ ▧
5 X 5 = 25

Quand tu as groupé par paires, y avait-il une ▧ restante ?

Oui ____   Non ____

25 est un nombre _____.

9 ❋ 3 fois = ____ ❋
9 X 3 = 27

Y avait-il un ❋ restant ?

Oui ____   Non ____

27 est Impair ____ ou Pair ____

Avec les (❋ ❋) :

1, 3, 5, 7, 9 et tout autre nombre finissant par 1, 3, 5, 7, 9 sont **IMPAIRS**.
2, 4, 6, 8, 0 et tout autre nombre finissant par 2, 4, 6, 8, 0 sont **PAIRS**.

Pair ou Impair ?

Entoure chaque paire d'  :

Y a-t-il une ★ restante ?
7 X 1 = 7
7 est un chiffre _____.

Y a-t-il une ★ restante ?
7 X 2 = 14
14 est un nombre _____.

Y a-t-il une ★ restante ?
7 X 3 = 21
21 est un nombre _____.

La Règle de Multiplication PAIR/IMPAIR :

Nombre **Impair x Impair = Impair**
Nombre **Impair x Pair = Pair**
Nombre **Pair x Pair = Pair**
Nombre **Pair x n'importe quel nombre = Pair**

Impair x Impair = Impair
Tous les autres multiples sont PAIRS :
Impair x Pair = PAIR
Pair x Impair = PAIR
Pair x Pair = PAIR

Pair ou Impair ?

Indice Secret : Si un chiffre est **pair**, le multiple est **pair**.
D'abord, entoure chaque chiffre **pair**. Ensuite, complète en indiquant si le rèsultat est **pair** par **p** ou **impair** par **i**.

[6] x 3 = _p_	3 x 7 = _i_	[8] x [2] = _p_
7 x 7 = ____	9 x 8 = ____	5 x 3 = ____
9 x 3 = ____	8 x 8 = ____	4 x 7 = ____
7 x 9 = ____	2 x 9 = ____	5 x 8 = ____
5 x 6 = ____	9 x 9 = ____	6 x 4 = ____
7 x 5 = ____	2 x 6 = ____	9 x 1 = ____
6 x 7 = ____	5 x 5 = ____	3 x 3 = ____
3 x 2 = ____	9 x 4 = ____	6 x 9 = ____
4 x 1 = ____	7 x 8 = ____	8 x 3 = ____
10 x 7 = ____	1 x 8 = ____	4 x 3 = ____
6 x 8 = ____	2 x 7 = ____	9 x 5 = ____
2 x 2 = ____	4 x 5 = ____	7 x 1 = ____

Multiplier Pairs et Impairs

Remplis chaque carré avec un **p** pour pair et un **i** pour impair.
Remarque le motif de la marelle qui apparaît pour les nombres **IMPAIRS**.

C'est étonnant :

Pair X Pair = Pair
Pair X Impair = Pair
Impair X Pair = Pair
Impair X Impair = Impair

X	1	2	3	4	5	6	7	8	9	10
1	i	p								
2	p	p								
3										
4										
5										
6										
7										
8										
9										
10										

Table de 5 : Toujours 5-O-5-O !

Remplis la colonne du 5 verticalement. **Indice** : le dernier chiffre suit le **motif 5 - 0**.
Souviens-toi : 5 x un nombre **PAIR** finit par **0**.
5 x un nombre **IMPAIR** finit par **5**.
Remplis ensuite horizontalement. Vérifie tes réponses à l'aide de la colonne du 5.

X	1	2	3	4	5	6	7	8	9	10
1					5					
2					1_					
3					15					
4					2_					
5					25					
6					3_					
7					35					
8					4_					
9					45					
10					5_					

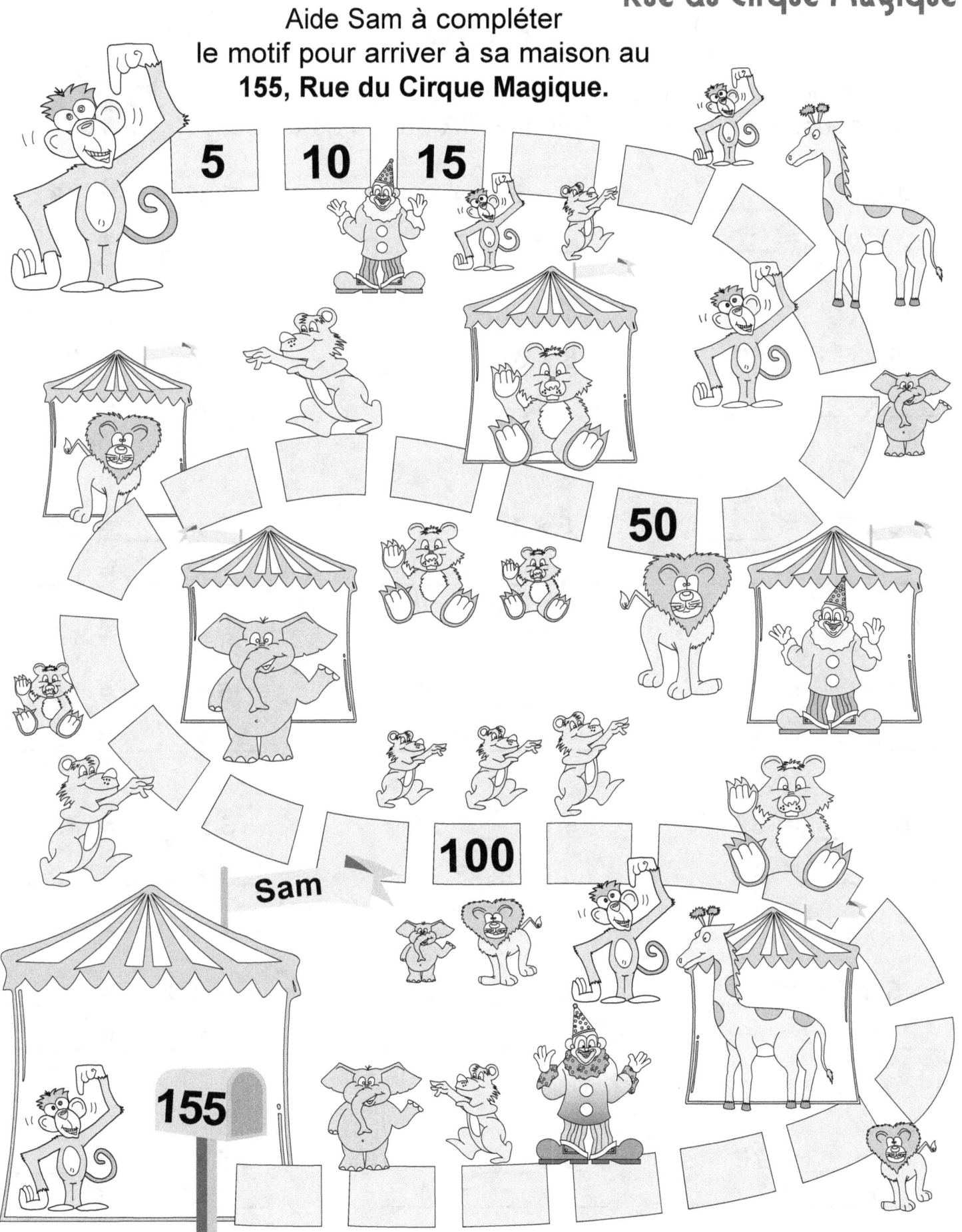

La Magie des Chiffres

Aide Rudy à multiplier les chiffres suivants.
En dessous, écris la règle PAIR/IMPAIR que tu as utilisée.

4 x 4   = ___
p x p   = _p_

5 x 5   = ___
___ x ___ = ___

6 x ___ = 48
___ x ___ = ___

6 x ___ = 12
___ x ___ = ___

8 x 3   = ___
___ x ___ = ___

5 x ___ = 30
___ x ___ = ___

6 x 7   = ___
___ x ___ = ___

5 x 10 = ___
___ x ___ = ___

6 x ___ = 54
___ x ___ = ___

8 x ___ = 40
___ x ___ = ___

8 x ___ = 80
___ x ___ = ___

5 x ___ = 15
___ x ___ = ___

4 x ___ = 32
___ x ___ = ___

6 x ___ = 24
___ x ___ = ___

5 x ___ = 45
___ x ___ = ___

5 x 7   = ___
___ x ___ = ___

8 x ___ = 64
___ x ___ = ___

4 x 9   = ___
___ x ___ = ___

8 x ___ = 72
___ x ___ = ___

6 x ___ = 36
___ x ___ = ___

5 x 4   = ___
___ x ___ = ___

TeaCHildMath™

5 et 10 Magiques !

Remplis les tables de 5 et 10 ci-dessous.
Que remarques-tu en comparant la table de 10 à celle du 5 ?
Exemple : 5 et 10, 30 et 60. Pourquoi est-ce comme cela ?

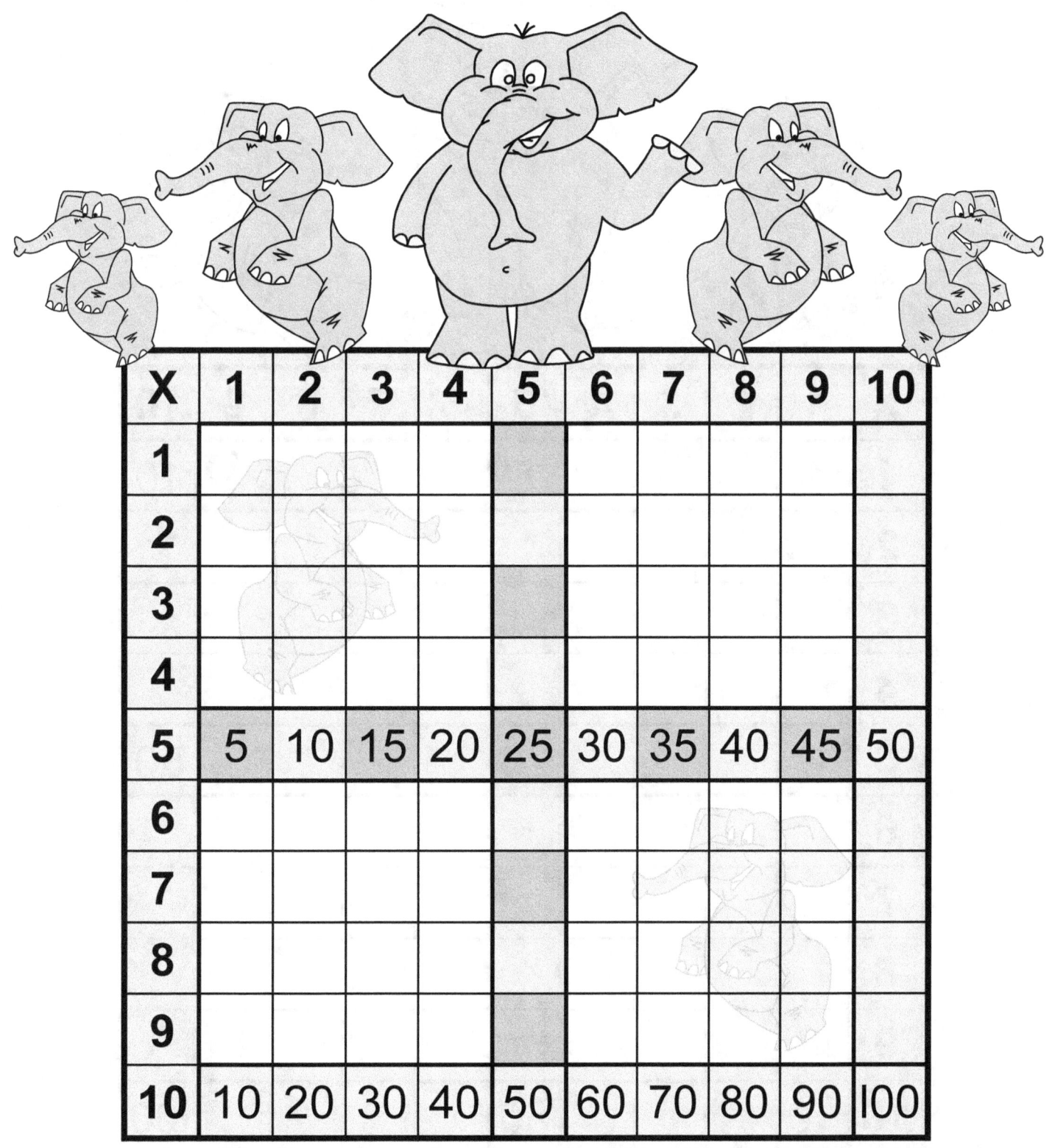

X	1	2	3	4	5	6	7	8	9	10
1										
2										
3										
4										
5	5	10	15	20	25	30	35	40	45	50
6										
7										
8										
9										
10	10	20	30	40	50	60	70	80	90	100

Le Challenge : 1, 5 et 10 !

Remplis les tables de 1, de 5 et de 10.

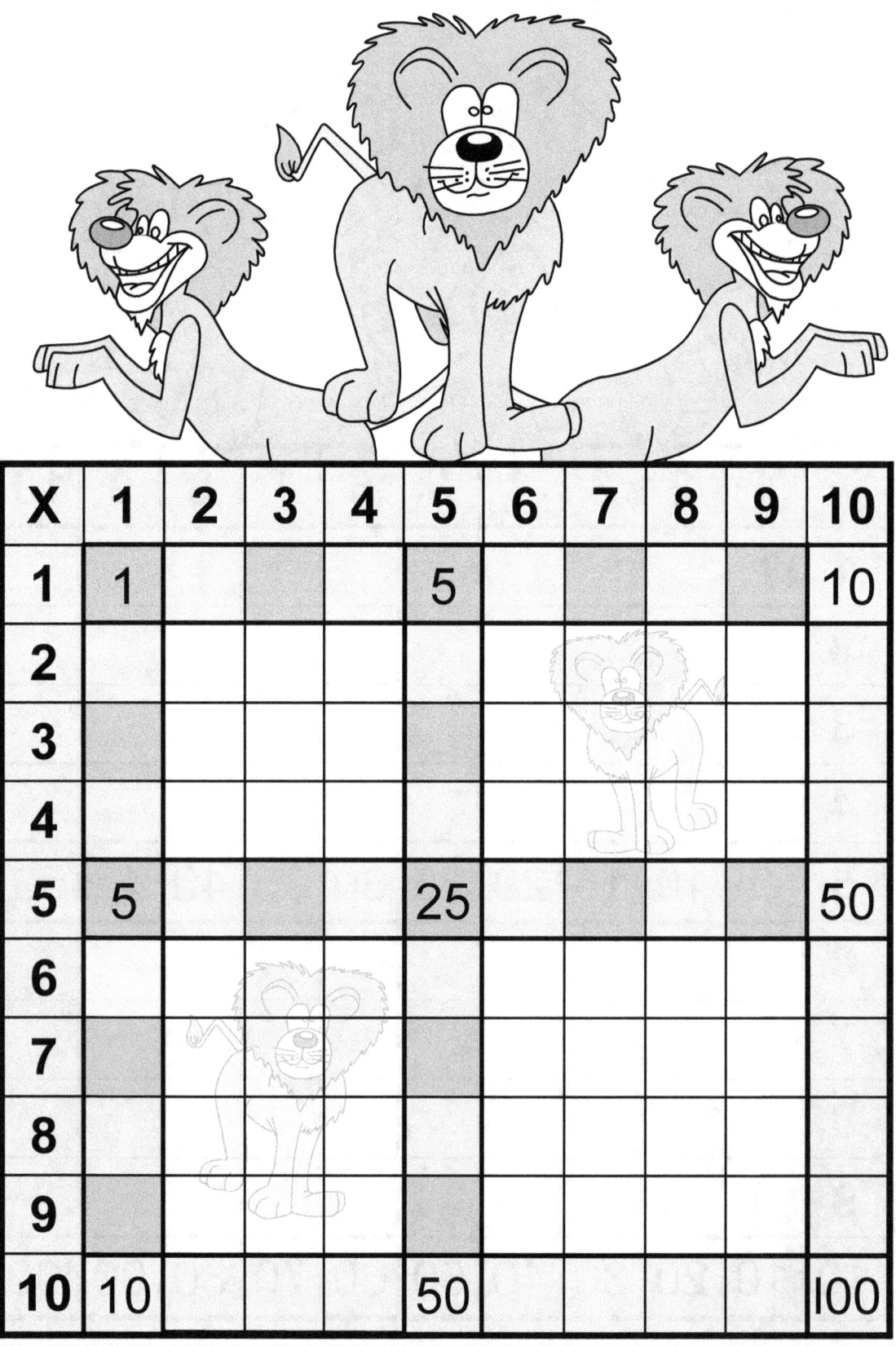

X	1	2	3	4	5	6	7	8	9	10
1	1				5					10
2										
3										
4										
5	5				25					50
6										
7										
8										
9										
10	10				50					100

Enquête sur les Friandises du Cirque

Les enfants ont voté pour leur friandise favorite au cirque. Voici les résultats.

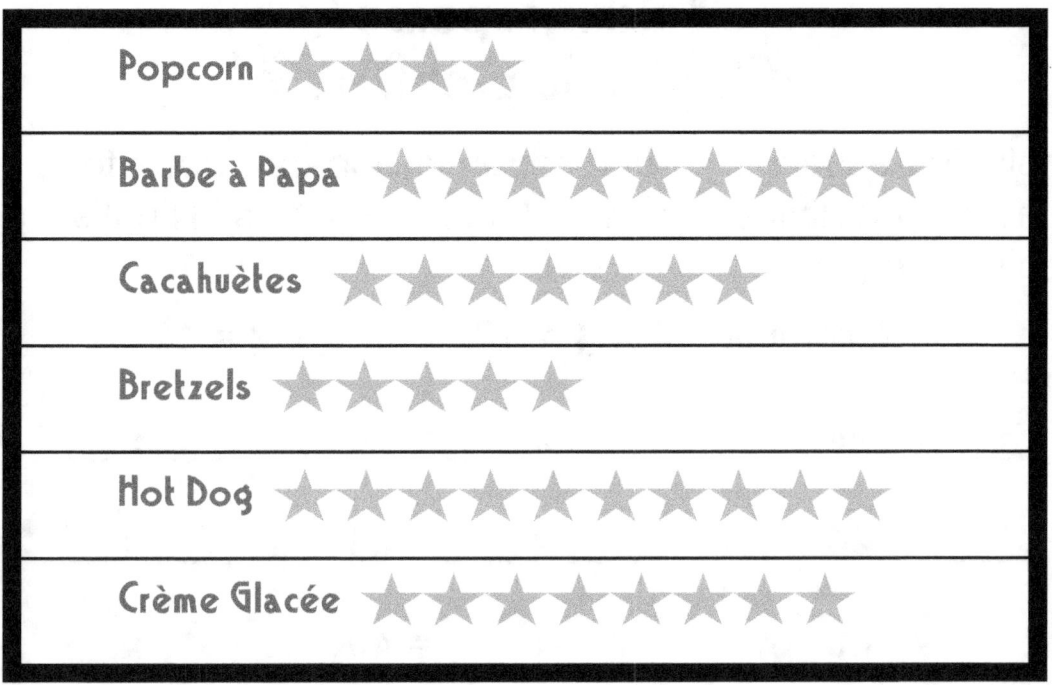

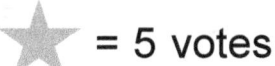 = 5 votes

1. Quelle friandise a obtenu 45 votes ? _____
2. Combien de votes ont obtenu les cacahuètes? _____
3. Quelle friandise a obtenu moins de votes que les bretzels? _____
4. Quelle est la friandise la moins appréciée ? _____
5. Quelle friandise a obtenu 40 votes ? _____
6. Quelle est la friandise la plus populaire ? _____
7. Laquelle de ces friandises est ta favorite? _____

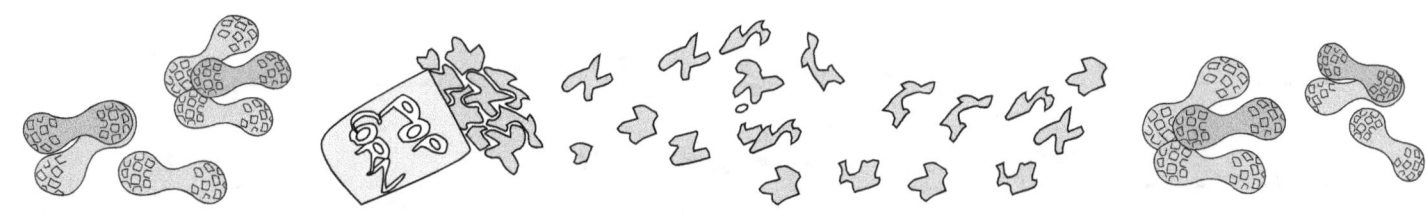

Voici la réponse !
Quel est le problème ?

Remplis les espaces. Si une réponse apparaît deux fois, donne une autre possibilité utilisant d'autres chiffres. N'utilise pas la multiplication par 1.

Exemple : **3 x 4** = 12   ou   **6 x 2** = 12

___ x ___ = 25   ___ x ___ = 20   ___ x ___ = 20

___ x ___ = 24   ___ x ___ = 24   ___ x ___ = 72

___ x ___ = 40   ___ x ___ = 40   ___ x ___ = 48

___ x ___ = 30   ___ x ___ = 30   ___ x ___ = 36

___ x ___ = 16   ___ x ___ = 16   ___ x ___ = 60

___ x ___ = 12   ___ x ___ = 12   ___ x ___ = 56

___ x ___ = 54   ___ x ___ = 42   ___ x ___ = 28

___ x ___ = 35   ___ x ___ = 50   ___ x ___ = 80

___ x ___ = 64   ___ x ___ = 15   ___ x ___ = 45

___ x ___ = 18   ___ x ___ = 18   ___ x ___ = 8

___ x ___ = 10   ___ x ___ = 6   ___ x ___ = 4

___ x ___ = 32   ___ x ___ = 0   ___ x ___ = 70

___ x ___ = 80   *Bon travail !*   ___ x ___ = 14

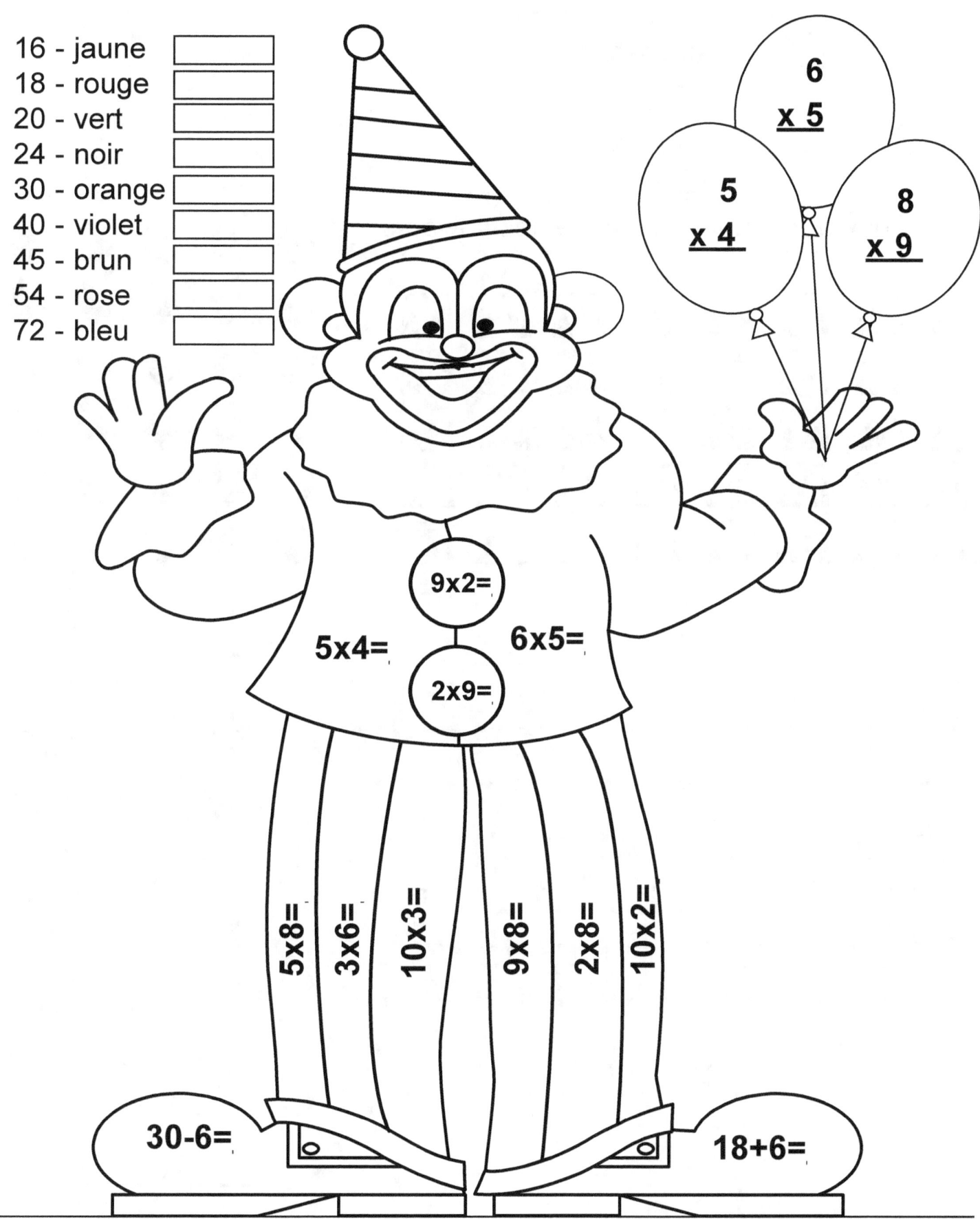

Le Cirque Magique

Aide Rudy à résoudre les problèmes suivants :

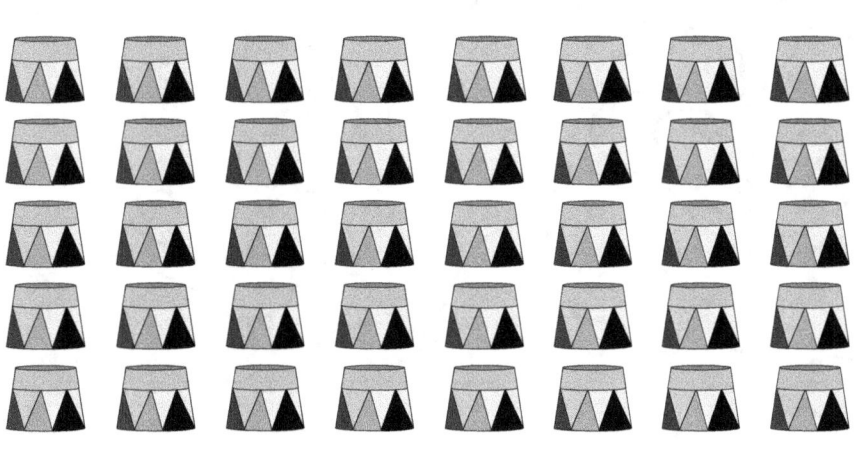

___ x ___ = ___

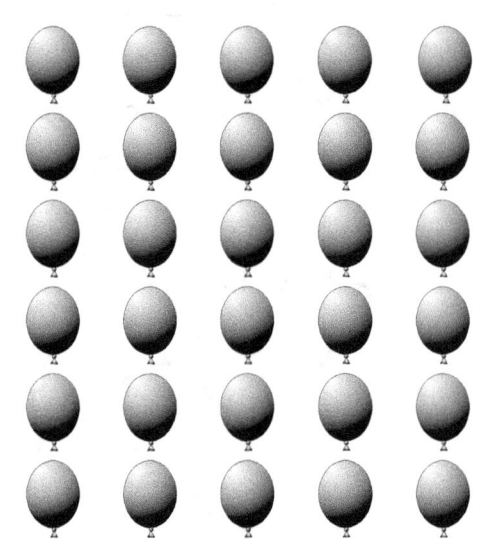

___ x ___ = ___

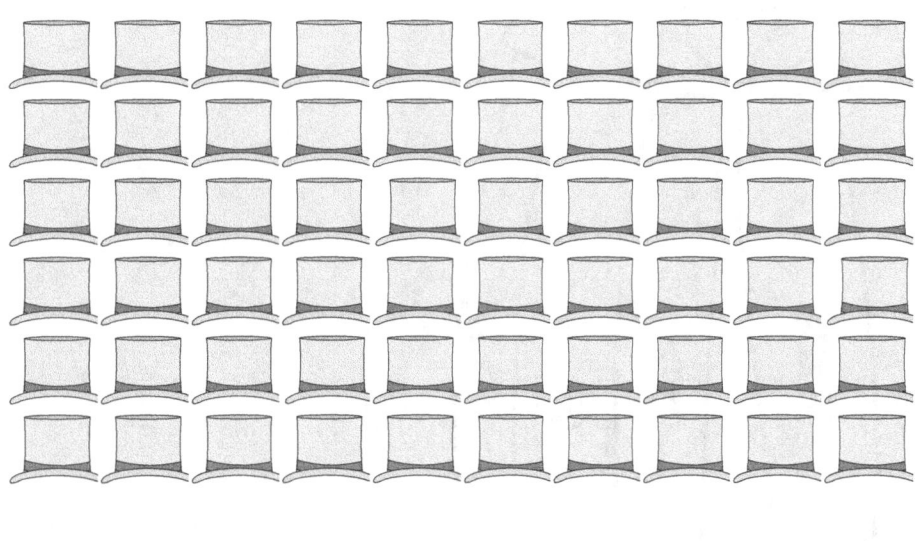

___ x ___ = ___

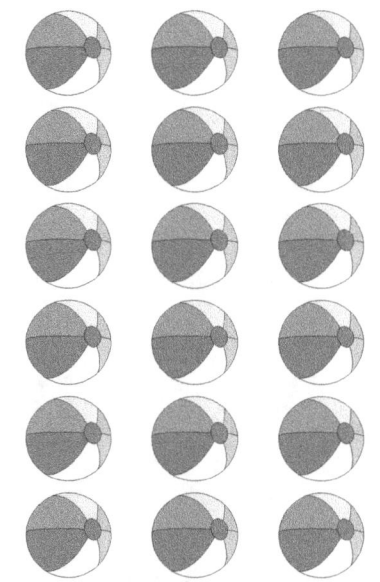

___ x ___ = ___

La Magie des Chiffres

Aide Rudy à multiplier les chiffres suivants. En dessous, écris la règle PAIR/IMPAIR que tu as utilisée.

2 x 5 = ____   10 x 3 = ____   7 x ___ = 35

p x i = _p_   ___ x ___ = ____   ___ x ___ = ____

6 x ___ = 30   2 x ___ = 20   8 x 5 = ____

___ x ___ = ____   ___ x ___ = ____   ___ x ___ = ____

3 x 5 = ____   10 x 10 = ____   2 x ___ = 10

___ x ___ = ____   ___ x ___ = ____   ___ x ___ = ____

4 x 5 = ____   5 x ___ = 50   9 x ___ = 45

___ x ___ = ____   ___ x ___ = ____   ___ x ___ = ____

5 x ___ = 40   5 x ___ = 25   6 x ___ = 60

___ x ___ = ____   ___ x ___ = ____   ___ x ___ = ____

Multiplie en colonne les chiffres suivants :

5	5	5	5	8	4	7	3	10
x2	x5	x6	x9	x5	x5	x5	x5	x5

Entraîne les Singes !

Si tous les ballons éclatent lors de cet acte, de combien Rudy en aura-t-il besoin pour le prochain acte ? Chaque singe possède le même nombre de ballons.

Aidons Rudy à compter le nombre de singes.
Il y a _____ singes.

Aidons Rudy à compter le nombre de ballons que chaque singe tient.
Chaque singe tient _____ ballons.

_____ x _____ = _____ ballons

Rudy aura donc besoin de _____ ballons.

Enquête sur les Friandises du Cirque

Les enfants ont voté pour leur friandise favorite au cirque. Voici les résultats.

 = 10 votes

1. Quelle friandise a obtenu 50 votes ? _____

2. Combien de votes ont obtenu les crèmes glacées? _____

3. Quelle friandise a obtenu moins de votes que les popcorns? _____

4. Quelle est la friandise la moins appréciée ? _____

5. Quelle friandise a obtenu 100 votes ? _____

6. Quelle est la friandise la plus populaire ? _____

7. Laquelle de ces friandises est ta favorite? _____

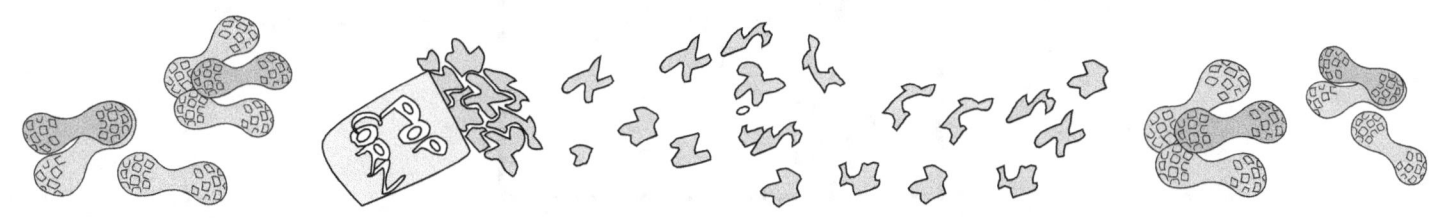

L'Astuce vers la Table de 9 !

Partie 1

Numérote de **9** à **0** dans l'espace ____ de droite.

X	9
1	0_
2	1_
3	2_
4	3_
5	4_
6	5_
7	6_
8	7_
9	8_
10	9_

Les Tickets du Cirque

Adulte 5€   Enfant 2€

Anne a acheté 6 tickets enfant. Combien a-t-elle dépensé ?

2€ x 6 = 12€

M. Schild a acheté 5 tickets adulte. Combien a-t-il dépensé ?

____ x ____ = ____€

L'entraineur a acheté 9 tickets enfant et 6 tickets adulte. Combien a-t-il dépensé ?

2€ x 9 = 18€

5€ x 6 = 30€

           18€
         +30€
Total : 48€

La tante de David a acheté pour sa famille 3 tickets adulte et 7 tickets enfant. Combien a-t-elle dépensé ?

____ x ____ = ____€

____ x ____ = ____€

Additionne les nombres.
      Total : ____€

Marie a organisé une fête au Cirque. Sa maman a acheté 4 tickets adulte et 5 tickets enfant. Combien ont-elles dépensé ?

____ x ____ = ____€

____ x ____ = ____€

Additionne les nombres.
      ____€

Emilie a dépensé 21€ pour des tickets. Elle a payé 15€ pour des tickets adulte. Combien d'adultes figuraient dans son groupe ? Combien d'enfants figuraient dans son groupe ?

5€ x ____ = 15€

Adultes : ____

2€ x ____ = 6€

Enfants : ____

    21€
  −15€
    6€

L'Astuce vers la Table de 9 !

Partie 2

Numérote de **0** à **9** sur l'espace ____ de gauche.

X	9
1	<u>0</u>9
2	_8
3	_7
4	_6
5	_5
6	_4
7	_3
8	_2
9	_1
10	<u>9</u>0

Décodes-tu les MOTIFS ?

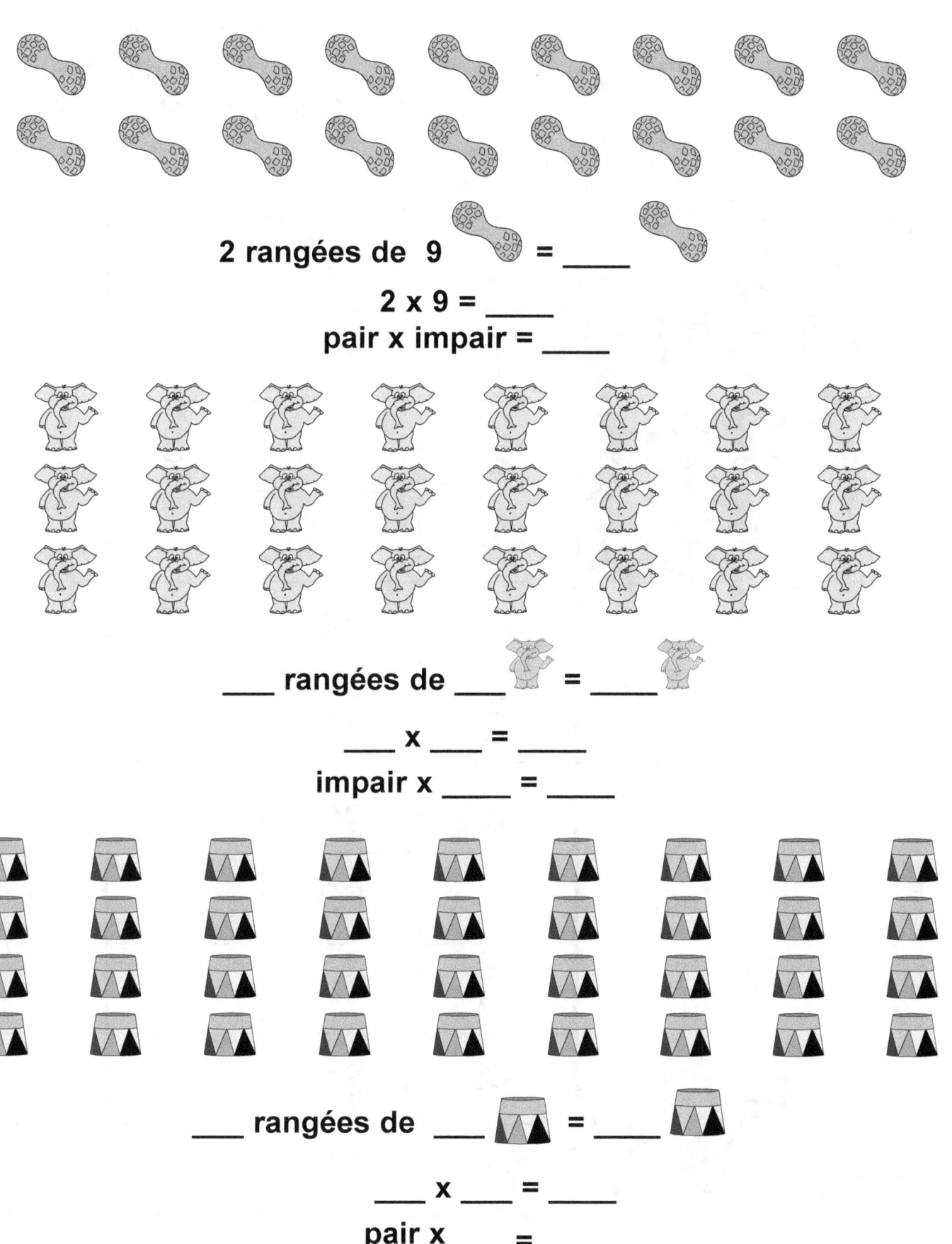

2 rangées de 9 🥜 = ____

2 x 9 = ____

pair x impair = ____

___ rangées de ___ 🐘 = ____

___ x ___ = ____

impair x ____ = ____

___ rangées de ___ 🥁 = ____

___ x ___ = ____

pair x ___ = ____

Le 9 Magique !

Sépare les multiples et ADDITIONNE-les.
Que constates-tu ?

X	9	+	Total
1	9	0+9=	9
2	18	1+8=	
3	27		
4	36		
5	45		
6	54		
7	63		
8	72		
9	81		
10	90		

La Magie des Chiffres

Aide Rudy à multiplier les chiffres suivants.
En dessous, écris la règle
PAIR/IMPAIR que tu as utilisée.

9 x 4 = ____   3 x 9 = ____   8 x ____ = 72
p x p= __p__   ___ x ___ = ____   ___ x ___ = ____

2 x ____ = 18   7 x ____ = 63   5 x ____ = 45
___ x ___ = ____   ___ x ___ = ____   ___ x ___ = ____

9 x 7 = ____   9 x 10 = ____   9 x ____ = 54
___ x ___ = ____   ___ x ___ = ____   ___ x ___ = ____

9 x ____ = 27   9 x ____ = 81   9 x ____ = 36
___ x ___ = ____   ___ x ___ = ____   ___ x ___ = ____

Multiplie en colonne les chiffres suivants :

9	9	9	9	8	4	2	6	10
x7	x3	x5	x9	x9	x9	x9	x9	x9

A l'Envers !

Inverse les multiples suivants.
Que découvres-tu ?

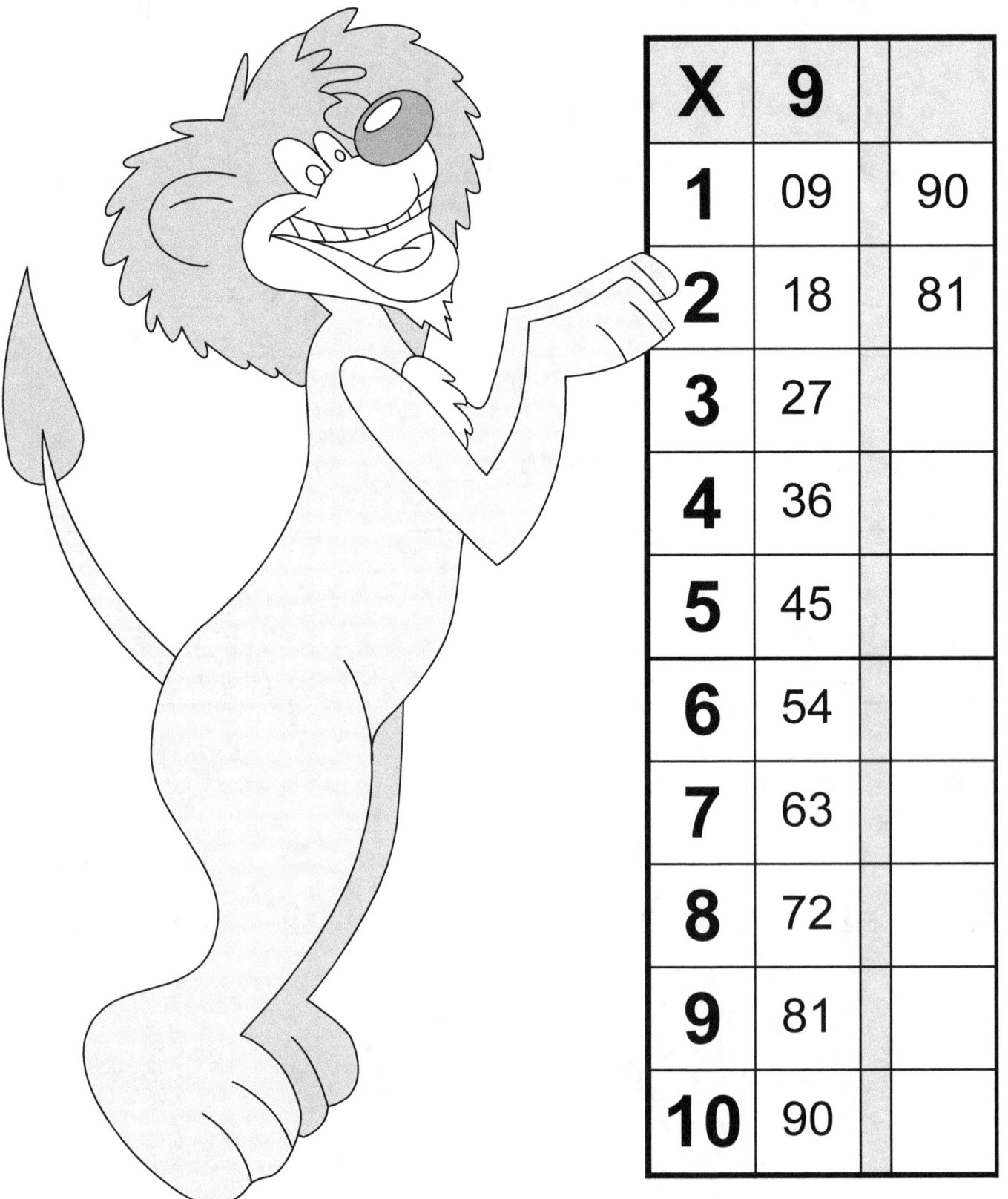

X	9	
1	09	90
2	18	81
3	27	
4	36	
5	45	
6	54	
7	63	
8	72	
9	81	
10	90	

Les Stars du Cirque

Peux-tu recopier Leo dans la grille vide ?

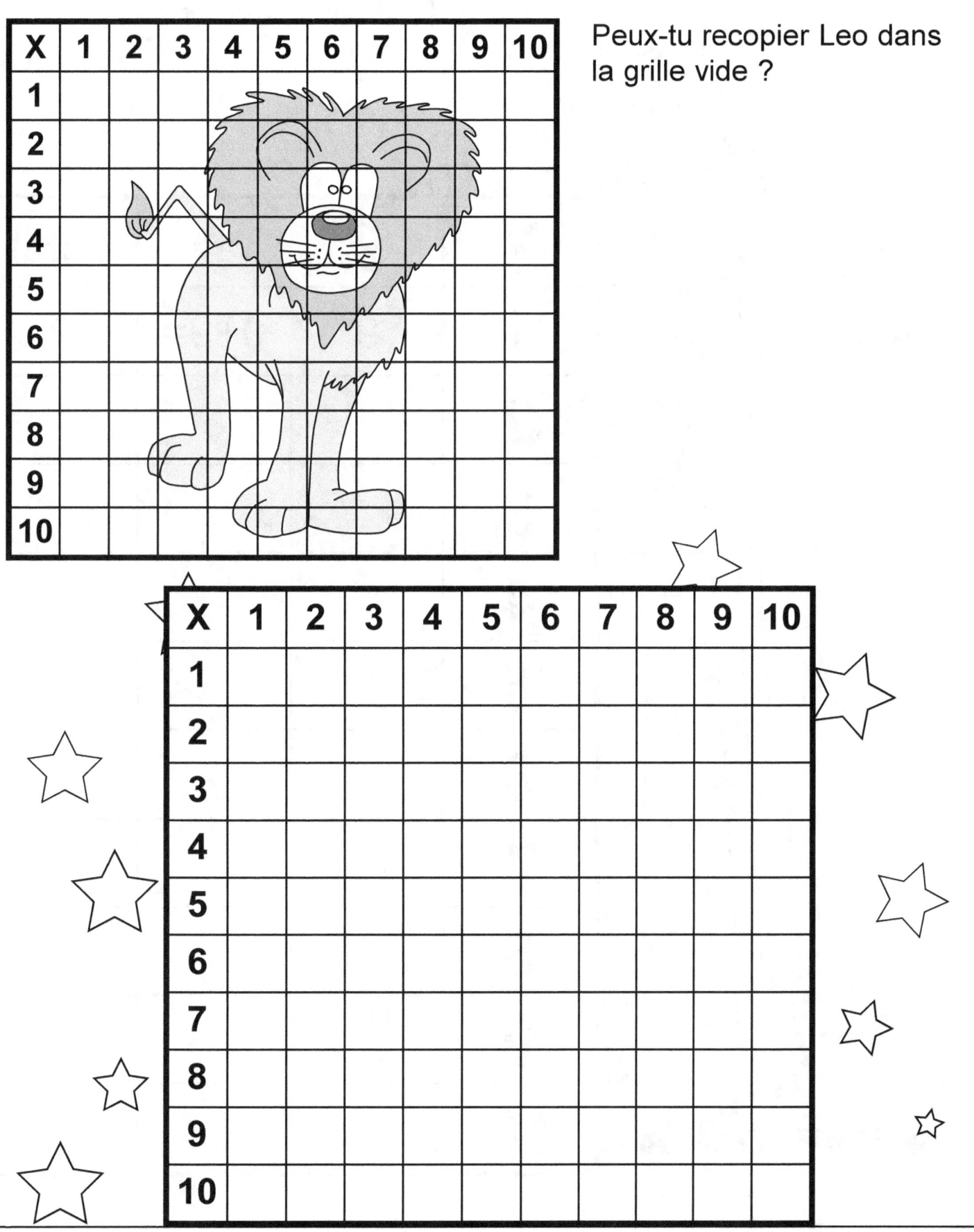

Le 9 Magique !

Remplis les colonnes.

X	9	+	Total
1	9	0+9=	9
2			
3			
4			
5			
6			
7			
8			
9			
10			

Rue du Cirque Magique

Aide Bippo à compléter le motif pour arriver à sa maison au **270, Rue du Cirque Magique.**

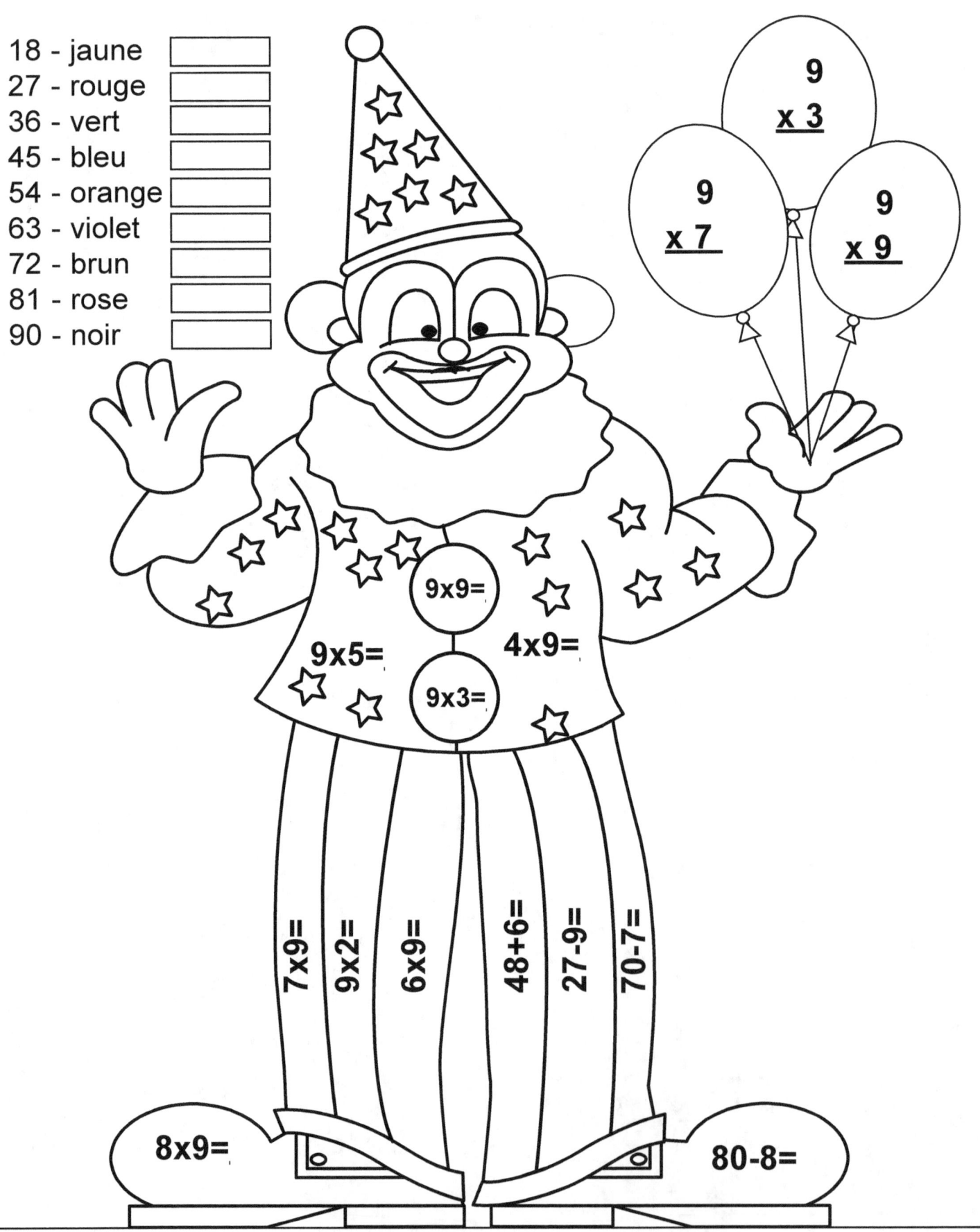

Facile, la Table de 3 !

La table de 3 est super facile !
Remplis les espaces en ajoutant 3
au nombre précédent.

X	3	Vérifie !
1	3	0+3= ___
2	6	3+3= ___
3	9	6+3= ___
4	12	9+3= ___
5	15	12+3= ___
6	18	15+3= ___
7	21	18+3= ___
8	24	21+3= ___
9	27	24+3= ___
10	30	27+3= ___

L'Astuce pour la Table de 3 !
« 3 – 6 – 9, ça va bien ! »

Peux-tu découvrir l'astuce pour la table de 3 ?

X	3	+	Total
1	3	3	3
2	6	6	6
3	9	9	9
4	12	1+2=	
5	15		
6	18		
7	21		
8	24		
9	27		
10	30		

Trois Spectacles Incroyables !

Aide Rudy à résoudre les exercices suivants :

Il y a _____ girafes dans chaque anneau.
Combien y a-t-il de girafes au total ?

____ x ____ = ____

Il y a _____ singes dans chaque anneau.
Combien y a-t-il de singes au total ?

____ x ____ = ____

Il y a _____ lions dans chaque anneau.
Combien y a-t-il de lions au total ?

____ x ____ = ____

Motifs Étonnants !

La table de 3 est aussi facile que 1, 2, 3 !

Que se passe-t-il quand tu regroupes
la table de 3 en multiples de 3 ?
Remarques-tu le motif 1 – 9 ?
Qu'est-ce que c'est amusant !

Remplis l'espace ____ dans chaque colonne.

3	_2	_1
6	_5	_4
9	_8	_7

(3 x 10 = 30)

Qu'as-tu découvert ?
Tu as rempli la colonne
du centre avec des _____
et la colonne de droite avec des _____ .

Essayons encore une fois !
Remplis les espaces dans chaque colonne.

3	1_	2_
6	1_	2_
9	1_	2_

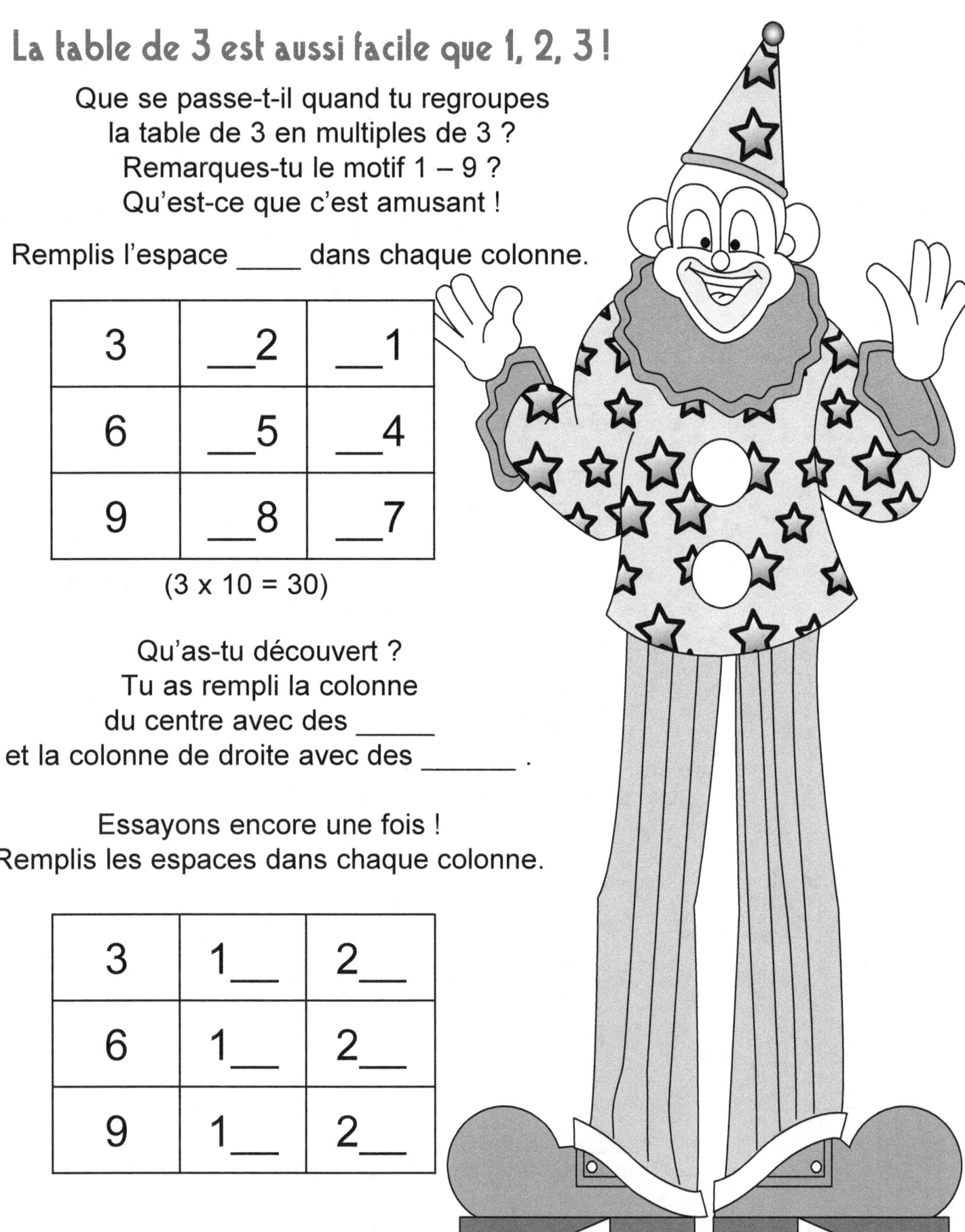

Rue du Cirque Magique

Aide Leo à compléter le motif pour arriver à sa maison au **102, Rue du Cirque Magique.**

Super Astuce pour la Table de 6 !

Bien que 6 soit un chiffre PAIR,
c'est un multiple de 3.
Il doit donc également y avoir une astuce.
Peux-tu la découvrir ?
(Pour 6 x 8, il y a 2 étapes.)

X	6	+	Total
1	6	0+6=	6
2	12	1+2=	
3	18	1+8=	
4	24	2+4=	
5	30	3+0=	
6	36	3+6=	
7	42	4+2=	
8	48	4+8=12 1+2=	
9	54	5+4=	
10	60	6+0=	

Enquête sur les Friandises du Cirque

Les enfants ont voté pour leur friandise favorite au cirque. Voici les résultats.

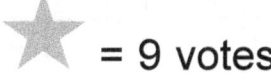 = 9 votes

1. Quelle friandise a obtenu 90 votes ? _____

2. Combien de votes ont obtenu les hot dogs? _____

3. Quelle friandise a obtenu moins de votes que les cacahuètes? _____

4. Quelle friandise a obtenu 63 votes ? _____

5. Quelle est la friandise la plus populaire ? _____

6. Quelle est la friandise la moins appréciée ? _____

7. Laquelle de ces friandises est ta favorite? _____

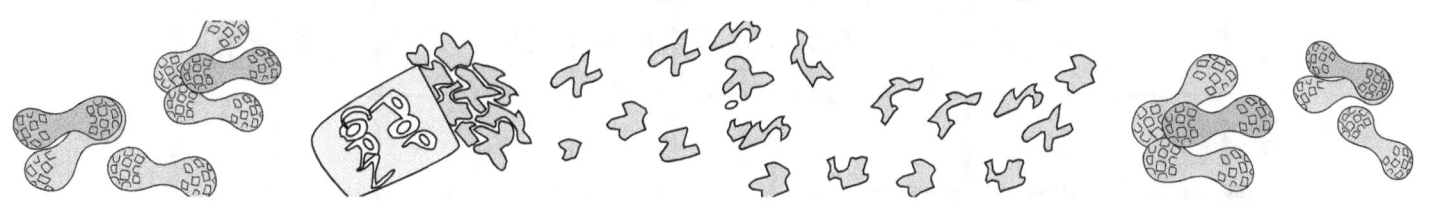

3, 6 et 9 Magiques !

Remplis les tables de 3, 6 et 9.
Remarque le motif de la marelle des multiples IMPAIRS.

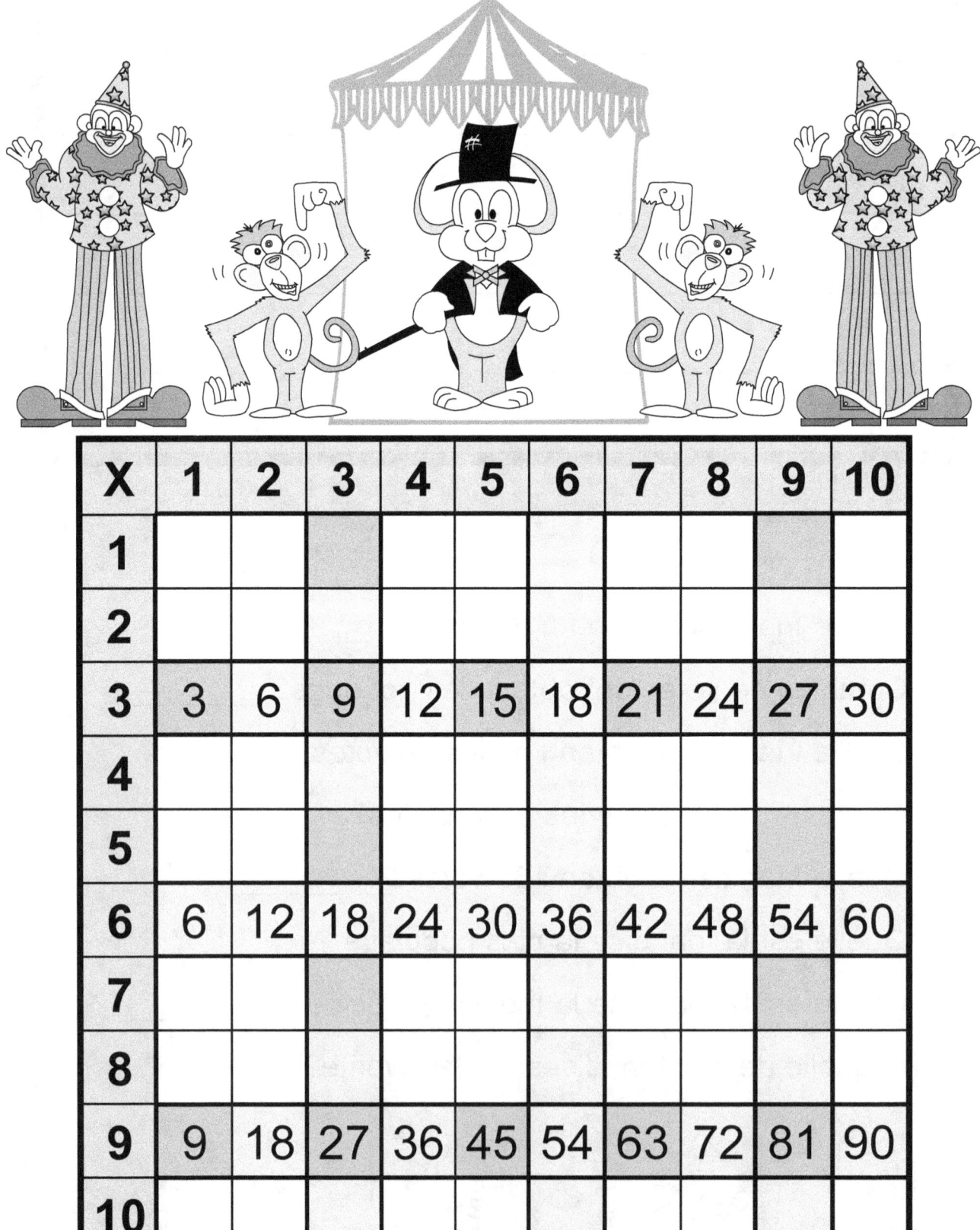

X	1	2	3	4	5	6	7	8	9	10
1										
2										
3	3	6	9	12	15	18	21	24	27	30
4										
5										
6	6	12	18	24	30	36	42	48	54	60
7										
8										
9	9	18	27	36	45	54	63	72	81	90
10										

Astuces pour les Tables de 3, 6 et 9 !
3-6-9   6-3-9   9-9-9

Un tableau super facile pour t'aider à te souvenir !

X	3	+	6	+	9	+
1	3	0+3=3	6	0+6=6	9	0+9=9
2	6	0+6=6	12	1+2=3	18	1+8=9
3	9	0+9=9	18	1+8=9	27	2+7=9
4	12	1+2=3	24	2+4=6	36	3+6=9
5	15	1+5=6	30	3+0=3	45	4+5=9
6	18	1+8=9	36	3+6=9	54	5+4=9
7	21	2+1=3	42	4+2=6	63	6+3=9
8	24	2+4=6	48	4+8=12 1+2=3	72	7+2=9
9	27	2+7=9	54	5+4=9	81	8+1=9
10	30	3+0=3	60	6+0=6	90	9+0=9

TeaCHildMath™

Révision : Tables de 3, 6 et 9

Remplis les tables de 3, 6 et 9.

Les Friandises du Cirque

Hot Dog.................................3€
Bretzel...................................1€
Barbe à Papa ....2€

Crème Glacée.......................2€
Popcorn.................................3€
Soda......................................1€

Au Cirque, Kevin a acheté 6 paquets de popcorn pour ses amis. Combien a-t-il dépensé ?

_____ x _____ = _____ €

Alexandre a acheté pour ses frères 5 bretzels. Combien a-t-il dépensé ?

_____ x _____ = _____ €

La sœur de Sarah a acheté 2 barbes à papa et 3 sodas. Combien a-t-elle dépensé ?

_____ x _____ = _____ €
_____ x _____ = _____ €

Total:
_____ + _____ = _____ €

L'entraineur a acheté 9 hot dogs et 10 sodas pour son équipe. Combien a-t-il dépensé ?

_____ x _____ = _____ €
_____ x _____ = _____ €

Total:
_____ + _____ = _____ €

Laura et Claudia avaient très faim. Elles ont acheté 6 hot dogs, 4 sodas et 3 crèmes glacées. Combien ont-elles dépensé ?

_____ x _____ = _____ €
_____ x _____ = _____ €
_____ x _____ = _____ €

Total:
_____ + _____ + _____ = _____ €

Alice a acheté 5 sodas, 6 bretzels et 7 hot dogs pour sa famille. Combien a-t-elle dépensé ?

_____ x _____ = _____ €
_____ x _____ = _____ €
_____ x _____ = _____ €

Total:
_____ + _____ + _____ = _____ €

Encore une fois avec 3, 6 et 9 !

Observe les exemples et remplis le tableau.
N'oublie pas les 2 étapes avec 48.
Bon travail !

X	3	+	6	+	9	+
1	3	0+3=	6	0+6=	9	0+9=
2	6	0+6=	12		18	
3	9	0+9=	18		27	
4	12		24		36	
5	15		30		45	
6	18		36		54	
7	21		42		63	
8	24		48		72	
9	27		54		81	
10	30		60		90	

Le Cirque Magique

Aide Rudy à résoudre les exercices suivants.
En dessous, écris la règle Pair/Impair.

___ x ___ = ___
___ x ___ = PAIR

___ x ___ = ___
___ x ___ = IMPAIR

___ x ___ = ___
___ x ___ = ___

___ x ___ = ___
___ x ___ = ___

TeaCHildMath™ 97

Pair ou Impair ?

Indice Secret : Si un chiffre est **pair**, le multiple sera **pair**. D'abord, entoure chaque chiffre **pair**. Ensuite, complète en indiquant si le résultat est **pair** par **p** ou **impair** par **i**.

|6| x 3 = p   5 x 9 = i |8| x |4| = p

3 x 7 = ___   4 x 6 = ___   2 x 3 = ___

5 x 3 = ___   9 x 2 = ___   4 x 5 = ___

1 x 9 = ___   6 x 4 = ___   8 x 7 = ___

9 x 6 = ___   3 x 5 = ___   2 x 8 = ___

6 x 5 = ___   2 x 7 = ___   8 x 5 = ___

4 x 7 = ___   3 x 9 = ___   4 x 3 = ___

5 x 2 = ___   4 x 1 = ___   5 x 6 = ___

8 x 1 = ___   3 x 4 = ___   9 x 3 = ___

6 x 7 = ___   6 x 8 = ___   8 x 2 = ___

3 x 8 = ___   8 x 9 = ___   5 x 5 = ___

6 x 2 = ___   4 x 3 = ___   9 x 1 = ___

Colorie le Clown

Résous les calculs pour colorier le clown.

- 9 - bleu
- 12 - rouge
- 18 - vert
- 24 - jaune
- 36 - orange
- 63 - violet
- 72 - brun
- 81 - rose
- 90 - noir

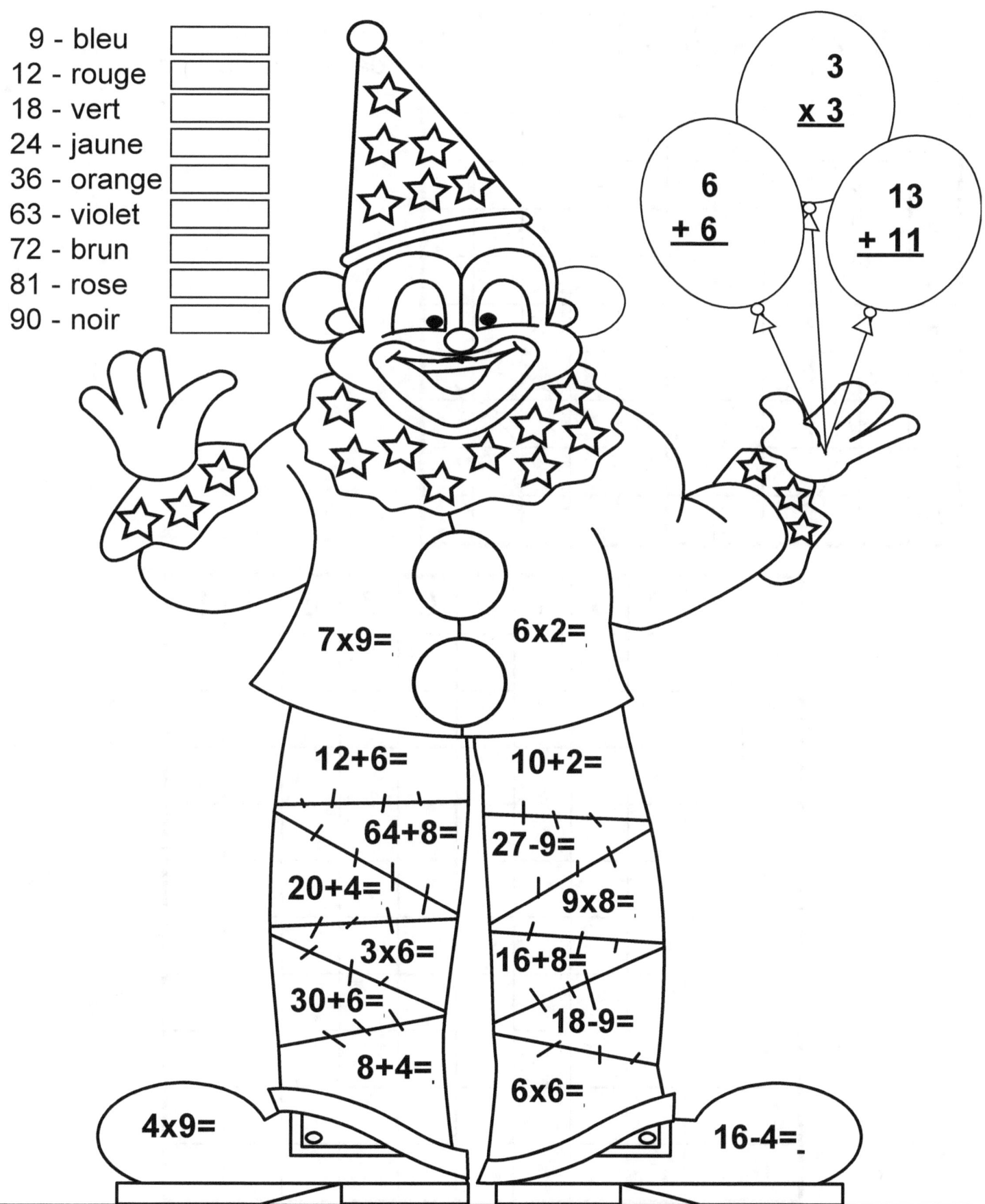

Les Stars du Cirque

Peux-tu recopier Bernice dans la grille vide ?

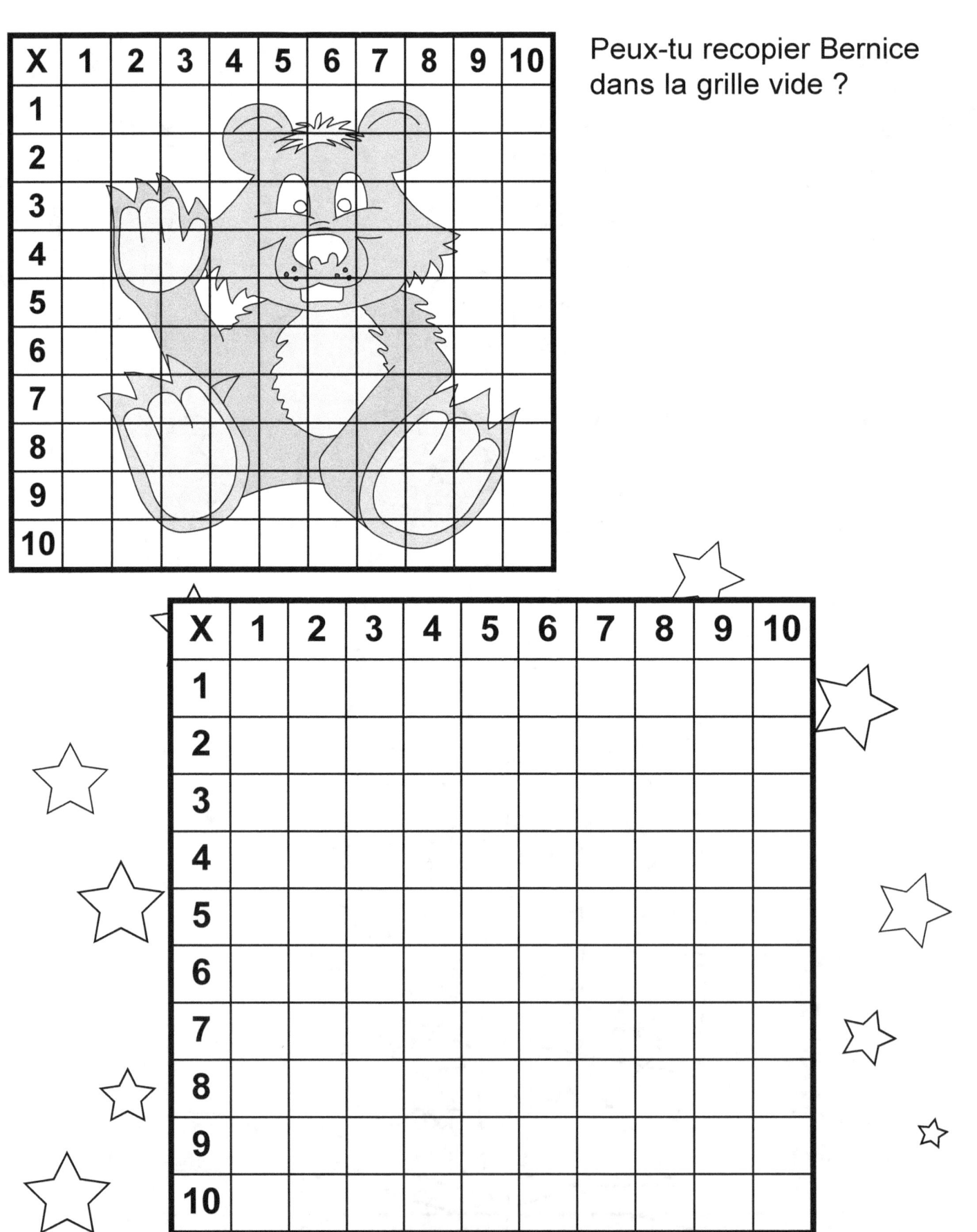

La Table de 7, On y est !

La table de 3 renferme un indice pour la table de 7.
Utilise le chiffre <u>souligné</u> dans la table du 3 **inversée**
et remplis la table du 7. **Assez incroyable !**

X		Table de 3 inversée	7
0	10	3<u>0</u>	<u>0</u>
1	9	2<u>7</u>	_
2	8	2<u>4</u>	1_
3	7	2<u>1</u>	2_
4	6	1<u>8</u>	2_
5	5	1<u>5</u>	3_
6	4	1<u>2</u>	4_
7	3	<u>9</u>	4_
8	2	<u>6</u>	5_
9	1	<u>3</u>	6_
10	0	<u>0</u>	7_

Révision des Incroyables Indices

Remplis les espaces.

X		Table de 3 inversée	7
0	10	30	0
1	9	27	7
2	8	2_	1_
3	7	2_	2_
4	6	1_	2_
5	5	1_	3_
6	4	1_	4_
7	3	_	4_
8	2	_	5_
9	1	_	6_
10	0	0	7_

Pair ou Impair

Aide Rudy à grouper par paires. Exemple :

Y a-t-il des 🐵 , 🎫 , 🥁 , 🥜 IMPAIRS restants ?
Ecris les quatre problèmes de multiplications suivants:

___ x ___ = ___

___ x ___ = ___

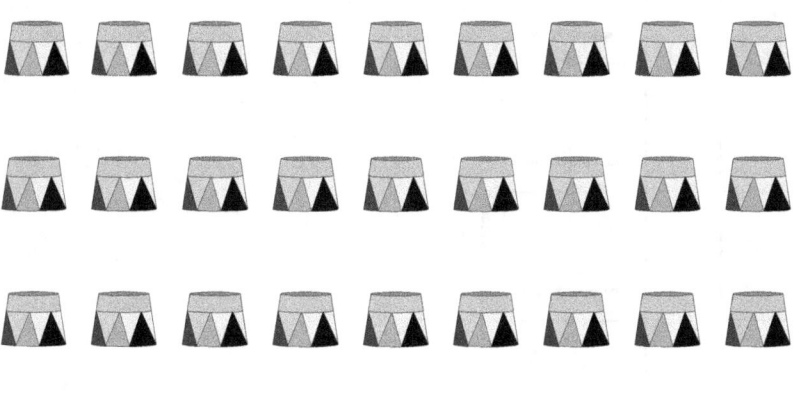

___ x ___ = ___

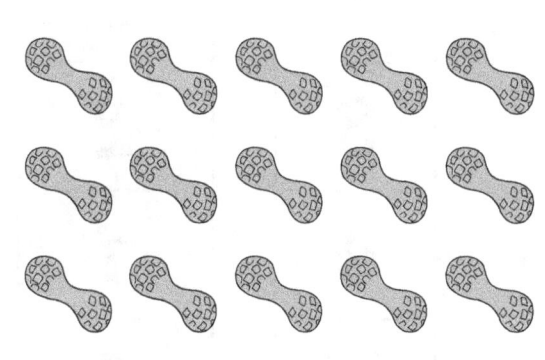

___ x ___ = ___

TeaCHildMath™   103

Concours de la Table de 7 !

Remplis la table de 7.

X		Table de 3 inversée	7
0	10	3<u>0</u>	<u>0</u>
1	9	2<u>7</u>	__
2	8	2<u>4</u>	__
3	7	2<u>1</u>	__
4	6	1<u>8</u>	__
5	5	1<u>5</u>	__
6	4	1<u>2</u>	__
7	3	<u>9</u>	__
8	2	<u>6</u>	__
9	1	<u>3</u>	__
10	0	<u>0</u>	<u>70</u>

Drôle de Clown !

Remplis les espaces.

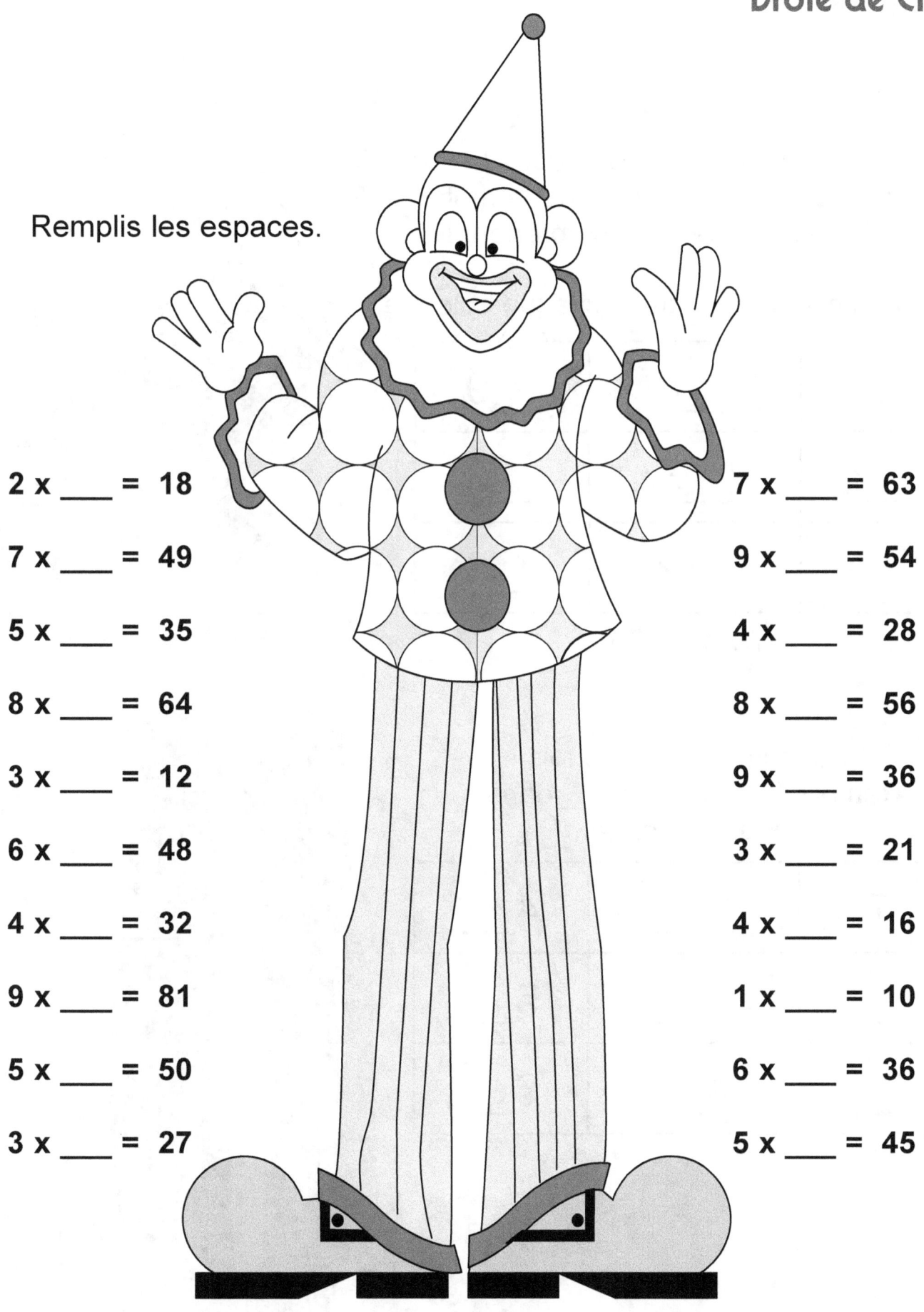

2 x ___ = 18

7 x ___ = 49

5 x ___ = 35

8 x ___ = 64

3 x ___ = 12

6 x ___ = 48

4 x ___ = 32

9 x ___ = 81

5 x ___ = 50

3 x ___ = 27

7 x ___ = 63

9 x ___ = 54

4 x ___ = 28

8 x ___ = 56

9 x ___ = 36

3 x ___ = 21

4 x ___ = 16

1 x ___ = 10

6 x ___ = 36

5 x ___ = 45

Motifs Étonnants !

La Table de 7 est aussi facile que 1, 2, 3 !

Que se passe-t-il quand tu regroupes la table de 7 en multiples de 3 ? Remarques-tu le motif 1 – 9 ? Qu'est-ce que c'est surprenant !

Remplis l'espace ___ dans chaque colonne.

7	__8	__9
__4	__5	__6
__1	__2	__3

(7 x 10 = 70)

Essayons encore une fois !
Remplis les espaces ___ dans chaque colonne.

7	2__	4__
1__	3__	5__
2__	4__	6__

Le Derby des Clowns

Pairs Manquants !

Remplis les espaces.

3 x ___ = 24	8 x ___ = 64	6 x ___ = 24
6 x ___ = 12	5 x ___ = 30	7 x ___ = 28
1 x ___ = 10	9 x ___ = 72	5 x ___ = 20
3 x ___ = 18	4 x ___ = 16	3 x ___ = 30
2 x ___ = 16	5 x ___ = 40	5 x ___ = 10
7 x ___ = 14	9 x ___ = 36	9 x ___ = 54
5 x ___ = 50	4 x ___ = 32	2 x ___ = 20
8 x ___ = 48	9 x ___ = 18	6 x ___ = 48
4 x ___ = 24	8 x ___ = 32	7 x ___ = 42
8 x ___ = 16	7 x ___ = 56	4 x ___ = 40
3 x ___ = 12	8 x ___ = 80	6 x ___ = 36
9 x ___ = 90	*Bon travail !*	7 x ___ = 70

Le Derby des Clowns

Impairs Manquants !

Remplis les espaces.

7 x ___ = 21	3 x ___ = 15	9 x ___ = 81
5 x ___ = 35	6 x ___ = 30	2 x ___ = 18
6 x ___ = 54	8 x ___ = 72	5 x ___ = 45
4 x ___ = 28	2 x ___ = 10	8 x ___ = 40
3 x ___ = 21	4 x ___ = 20	6 x ___ = 42
2 x ___ = 14	7 x ___ = 49	9 x ___ = 45
8 x ___ = 24	9 x ___ = 27	7 x ___ = 63
6 x ___ = 18	4 x ___ = 36	5 x ___ = 15
3 x ___ = 27	8 x ___ = 56	7 x ___ = 35
4 x ___ = 12	6 x ___ = 6	9 x ___ = 63
5 x ___ = 25	**Bon travail !**	10 x ___ = 90

Motifs, Encore !

Tous les multiples IMPAIRS finissent par 1-9
quand tu multiplies de 1 jusqu'à 9
sauf pour la table de 5 qui a un motif 5-0-5-0.

Remplis la table de 9:

9	__6	__3
__8	__5	__2
__7	__4	__1

Remplis la table de 1:

1	4	7
__	__	__
__	__	__

Remplis la table de 7:

7	__8	__9
__4	__5	__6
__1	__2	__3

Remplis la table de 3:

3	__2	__1
6	__5	__4
9	__8	__7

Impairs Surprenants !

Remplis les tables de 1 à 10.
Remarque le motif de la **marelle** pour les nombres **IMPAIRS**.
Sur 100 multiples, il y a seulement _____ IMPAIRS.

Pourquoi est-ce comme cela ?

Impair X Impair = IMPAIR
Pair X TOUT nombre = PAIR

X	1	2	3	4	5	6	7	8	9	10
1										
2										
3										
4										
5										
6										
7										
8										
9										
10										

Entraîne les Singes !

Si tous les ballons éclatent lors de cet acte, de combien Rudy en aura-t-il besoin pour le prochain acte ? Chaque singe possède le même nombre de ballons.

Aidons Rudy à compter le nombre de singes.
Il y a _____ singes.

Aidons Rudy à compter le nombre de ballons que chaque singe tient.
Chaque singe tient _____ ballons.

_____ x _____ = _____ ballons

Rudy aura donc besoin de _____ ballons.

Points au carré ?

Elever un nombre au carré signifie le multiplier par le même nombre.
Remarque le carré formé par 2x2, 3x3, 4x4 et 5x5.
Assez étonnant!

X	1	2	3	4	5
1	•	••	•••	••••	•••••
2	:	::	:::	::::	:::::
3	⋮	⋮⋮	⋮⋮⋮	⋮⋮⋮⋮	⋮⋮⋮⋮⋮
4	⋮	⋮⋮	⋮⋮⋮	⋮⋮⋮⋮	⋮⋮⋮⋮⋮
5	⋮	⋮⋮	⋮⋮⋮	⋮⋮⋮⋮	⋮⋮⋮⋮⋮

Les Carrés sont carrés !

Un chiffre multiplié par lui-même crée un carré dans le tableau. Commence avec le simple CARRE de 1 x 1 puis, étape par étape, descends dans la grille de 10 x 10 jusqu'au grand carré composé de 100 carrés. Remarque comme les carrés deviennent de plus en plus grands.

Esquisse chaque nouveau carré apparaissant d'une nouvelle couleur. Combien de carrés obtiens-tu au final ? _____

X	1	2	3	4	5	6	7	8	9	10
1	1									
2		4								
3			9							
4				16						
5					25					
6						36				
7							49			
8								64		
9									81	
10										100

TeaCHildMath™

Voici la réponse !
Quel est le problème ?

Remplis les espaces. Si une réponse apparaît deux fois, donne une autre possibilité utilisant d'autres chiffres. N'utilise pas la multiplication par 1.

Exemple: **3 x 4** = 12   ou   **6 x 2** = 12

___ x ___ = 40   ___ x ___ = 40   ___ x ___ = 18

___ x ___ = 18   ___ x ___ = 9   ___ x ___ = 15

___ x ___ = 24   ___ x ___ = 24   ___ x ___ = 16

___ x ___ = 16   ___ x ___ = 10   ___ x ___ = 48

___ x ___ = 30   ___ x ___ = 25   ___ x ___ = 36

___ x ___ = 36   ___ x ___ = 64   ___ x ___ = 14

___ x ___ = 63   ___ x ___ = 72   ___ x ___ = 35

___ x ___ = 81   ___ x ___ = 27   ___ x ___ = 42

___ x ___ = 32   ___ x ___ = 60   ___ x ___ = 6

___ x ___ = 54   ___ x ___ = 56   ___ x ___ = 21

___ x ___ = 45   ___ x ___ = 28   ___ x ___ = 50

___ x ___ = 12   ___ x ___ = 12   ___ x ___ = 0

___ x ___ = 20   **Bon travail !**   ___ x ___ = 20

Tu connais les Impairs !

Remplis les tables de 1, 3, 5, 7 et 9.
Remarque le motif de la marelle pour
pour ces tables.

X	1		3		5		7		9
1	__		__		__		__		__
2	__		__		1_		1_		1_
3	__		__		1_		2_		2_
4	__		1_		2_		2_		3_
5	__		1_		2_		3_		4_
6	__		1_		3_		4_		5_
7	__		2_		3_		4_		6_
8	__		2_		4_		5_		7_
9	__		2_		4_		6_		8_
10	1_		3_		5_		7_		9_

Résoudre la Diagonale Manquante

Remplis la diagonale manquante.

Souviens-toi :
Impair x Impair = Impair
Pair x Pair = Pair.

X	1	2	3	4	5	6	7	8	9	10
1		2	3	4	5	6	7	8	9	10
2	2		6	8	10	12	14	16	18	20
3	3	6		12	15	18	21	24	27	30
4	4	8	12		20	24	28	32	36	40
5	5	10	15	20		30	35	40	45	50
6	6	12	18	24	30		42	48	54	60
7	7	14	21	28	35	42		56	63	70
8	8	16	24	32	40	48	56		72	80
9	9	18	27	36	45	54	63	72		90
10	10	20	30	40	50	60	70	80	90	

TeaCHildMath™

Diagonales des Impairs

Remplis les diagonales.
Remarque comment les nombres se répètent de chaque coté.
Wow ! C'est comme de la magie !

X	1	2	3	4	5	6	7	8	9	10
1	1		3		5					
2		4		8						
3	3		9							
4		8		16						
5	5				25					
6						36				
7							49			
8								64		
9									81	
10										100

Diagonales des Pairs

Remplis les diagonales.
Qu'as-tu découvert à propos des motifs en diagonale des chiffres pairs ?

X	1	2	3	4	5	6	7	8	9	10
1		2		4						
2	2		6							
3		6								
4	4									
5										
6										
7										
8										
9										
10										

Pair ou Impair ?

Indice Secret : Si un chiffre est **pair**, le multiple sera **pair**.
D'abord, entoure chaque chiffre **pair**. Ensuite, complète en indiquant
si le multiple est **pair** par **p** ou **impair** par **i**.

|4| x 3 = _p_   3 x 5 = _i_ |6| x |2| = _p_

5 x 7 = ____   4 x 8 = ____   3 x 3 = ____

6 x 3 = ____   5 x 8 = ____   9 x 7 = ____

9 x 9 = ____   6 x 9 = ____   7 x 8 = ____

6 x 6 = ____   3 x 9 = ____   2 x 4 = ____

5 x 5 = ____   2 x 6 = ____   8 x 1 = ____

4 x 7 = ____   7 x 5 = ____   2 x 3 = ____

9 x 2 = ____   4 x 4 = ____   5 x 9 = ____

3 x 1 = ____   3 x 8 = ____   7 x 3 = ____

7 x 7 = ____   6 x 8 = ____   8 x 3 = ____

8 x 8 = ____   8 x 7 = ____   9 x 5 = ____

5 x 2 = ____   4 x 5 = ____   7 x 1 = ____

Super Diagonales !

Avec une règle, trace chaque diagonale avec une couleur différente.
Pour les chiffres **PAIRS**, le motif se répète lui-même.
La diagonale pour le **4** (qui possède 4 chiffres) est : **4, 6, 6, 4**.

Pour les chiffres **IMPAIRS**, le chiffre au centre de la diagonale casse le motif. La diagonale du **5** (qui possède 5 chiffres) est :
5, 8, 9, 8, 5.

Combien y a-t-il de chiffres dans les diagonales des 3, 6, 7, 8, 9 et 10 ? _____

N'est-ce pas magique ?

X	1	2	3	4	5	6	7	8	9	10
1	1	2	3	4	5	6	7	8	9	10
2	2	4	6	8	10	12	14	16	18	20
3	3	6	9	12	15	18	21	24	27	30
4	4	8	12	16	20	24	28	32	36	40
5	5	10	15	20	25	30	35	40	45	50
6	6	12	18	24	30	36	42	48	54	60
7	7	14	21	28	35	42	49	56	63	70
8	8	16	24	32	40	48	56	64	72	80
9	9	18	27	36	45	54	63	72	81	90
10	10	20	30	40	50	60	70	80	90	100

Pair ou Impair ?

Remplis les espaces.
En dessous, complète la règle.

8 x <u>4</u> = 32   7 x ___ = 21   9 x ___ = 54

p x <u>p</u> = p   i x ___ = i   i x ___ = p

3 x ___ = 24   5 x ___ = 25   2 x ___ = 18

i x ___ = p   i x ___ = i   p x ___ = p

9 x ___ = 63   7 x ___ = 28   4 x ___ = 20

i x ___ = i   i x ___ = p   p x ___ = p

6 x ___ = 42   4 x ___ = 36   5 x ___ = 45

p x ___ = p   p x ___ = p   i x ___ = i

3 x ___ = 27   8 x ___ = 64   9 x ___ = 81

i x ___ = i   p x ___ = p   i x ___ = i

122   TeaCHildMath™

La Magie des Diagonales !

Remplis les diagonales.
Que découvres-tu ?

**Multiplier, c'est super facile,
alors amuse-toi bien !**

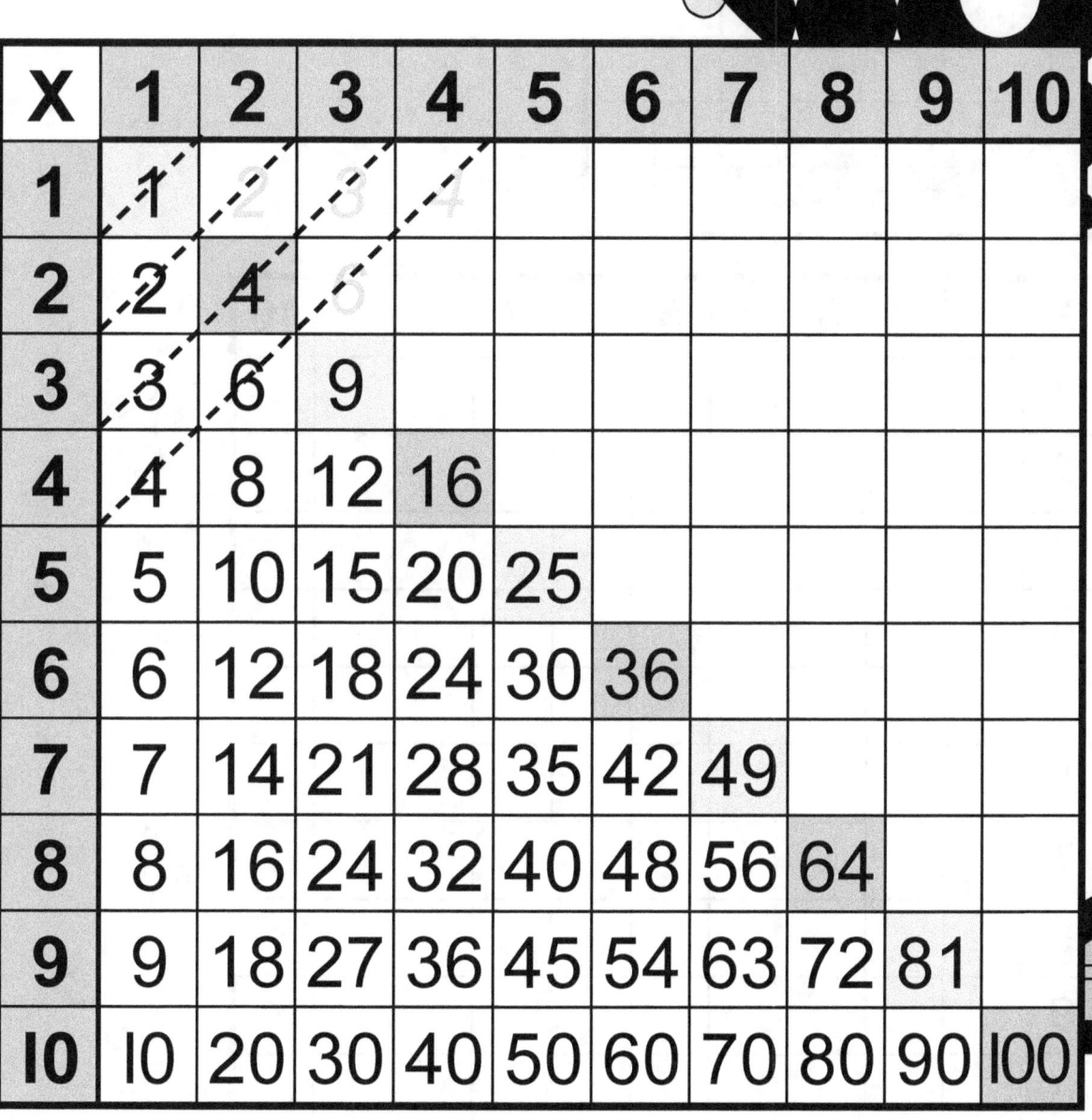

Les Stars du Cirque

Peux-tu recopier Coco dans la grille vide ?

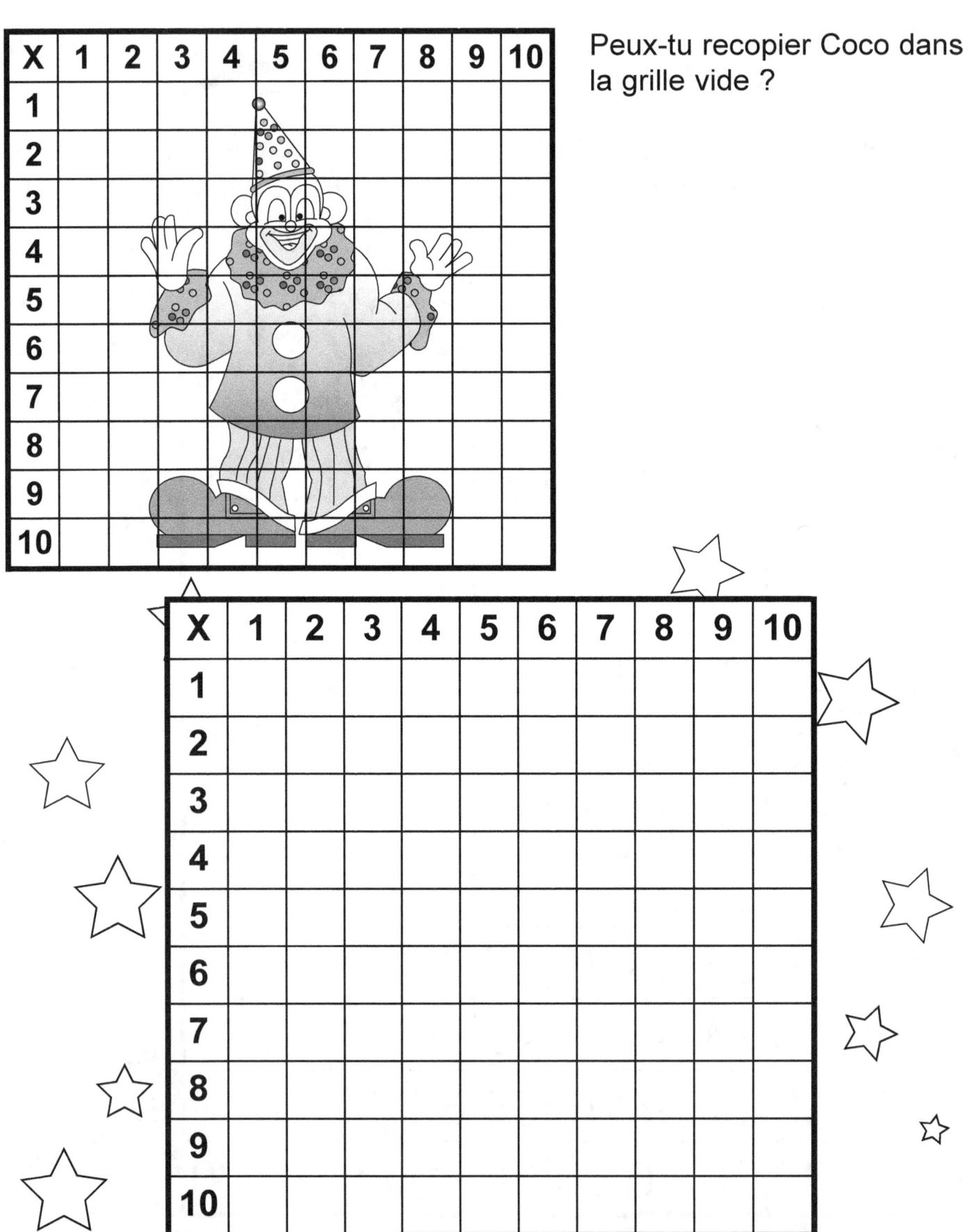

La Magie des Diagonales !

Remplis les diagonales.
Que découvres-tu ?

Les nombres sont magiques !

X	1	2	3	4	5	6	7	8	9	10
1	1	2	3	4	5	6	7	8	9	10
2		4	6	8	10	12	14	16	18	20
3			9	12	15	18	21	24	27	30
4				16	20	24	28	32	36	40
5					25	30	35	40	45	50
6						36	42	48	54	60
7							49	56	63	70
8								64	72	80
9									81	90
10										100

Les Stars du Cirque

Peux-tu recopier Rex dans la grille vide ?

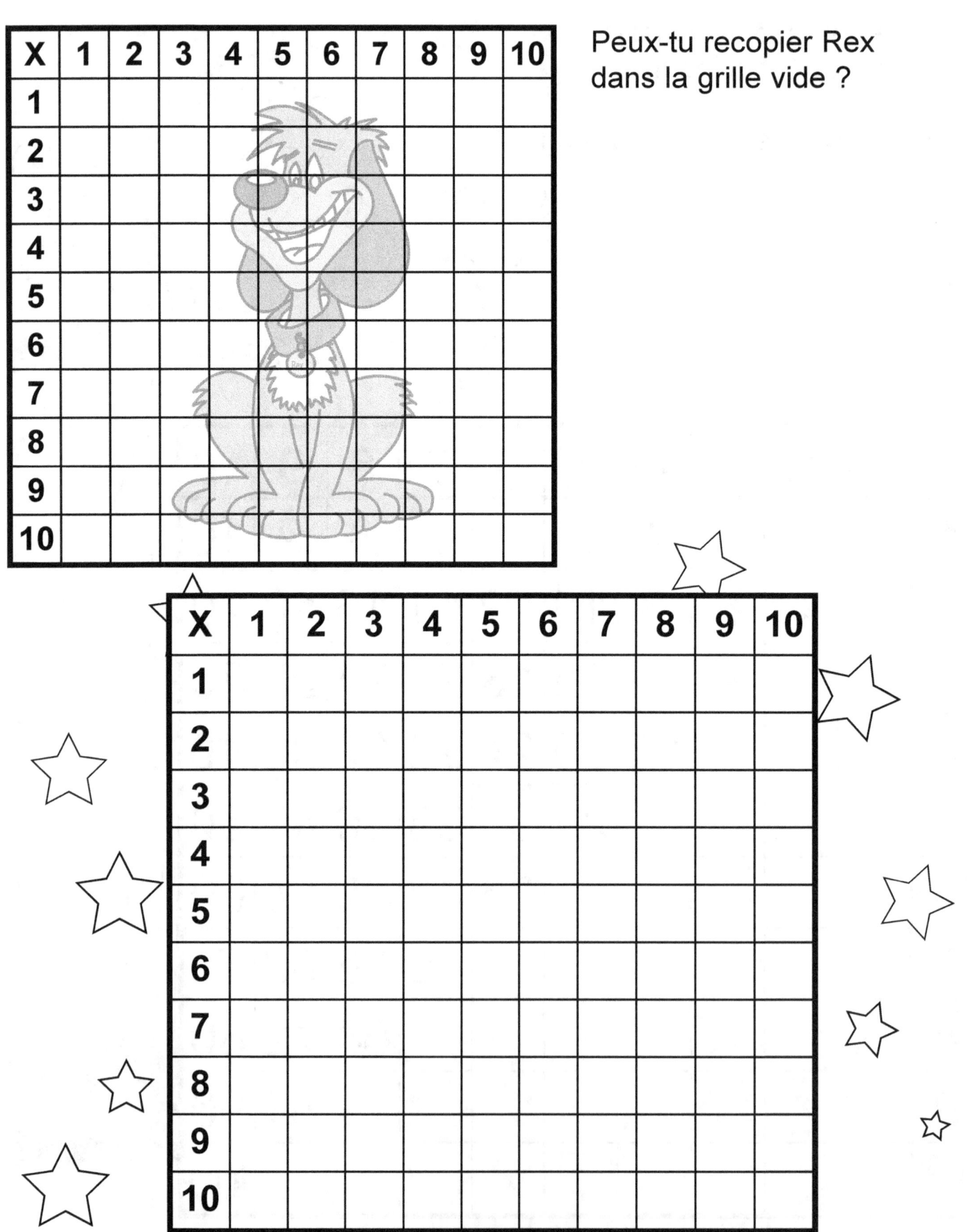

Diagonales Super X

Remplis les diagonales.
Remarque comment les multiples correspondent en haut et à gauche ainsi qu'en bas et à droite.
Pourquoi est-ce comme ceci?
Assez surprenant !

X	1	2	3	4	5	6	7	8	9	10
1		2	3	4	5	6	7	8	9	
2	2		6	8	10	12	14	16		20
3	3	6		12	15	18	21		27	30
4	4	8	12		20	24		32	36	40
5	5	10	15	20			35	40	45	50
6	6	12	18	24			42	48	54	60
7	7	14	21		35	42		56	63	70
8	8	16		32	40	48	56		72	80
9	9		27	36	45	54	63	72		90
10		20	30	40	50	60	70	80	90	

Les Stars du Cirque

Peux-tu recopier Bippo dans la grille vide ?

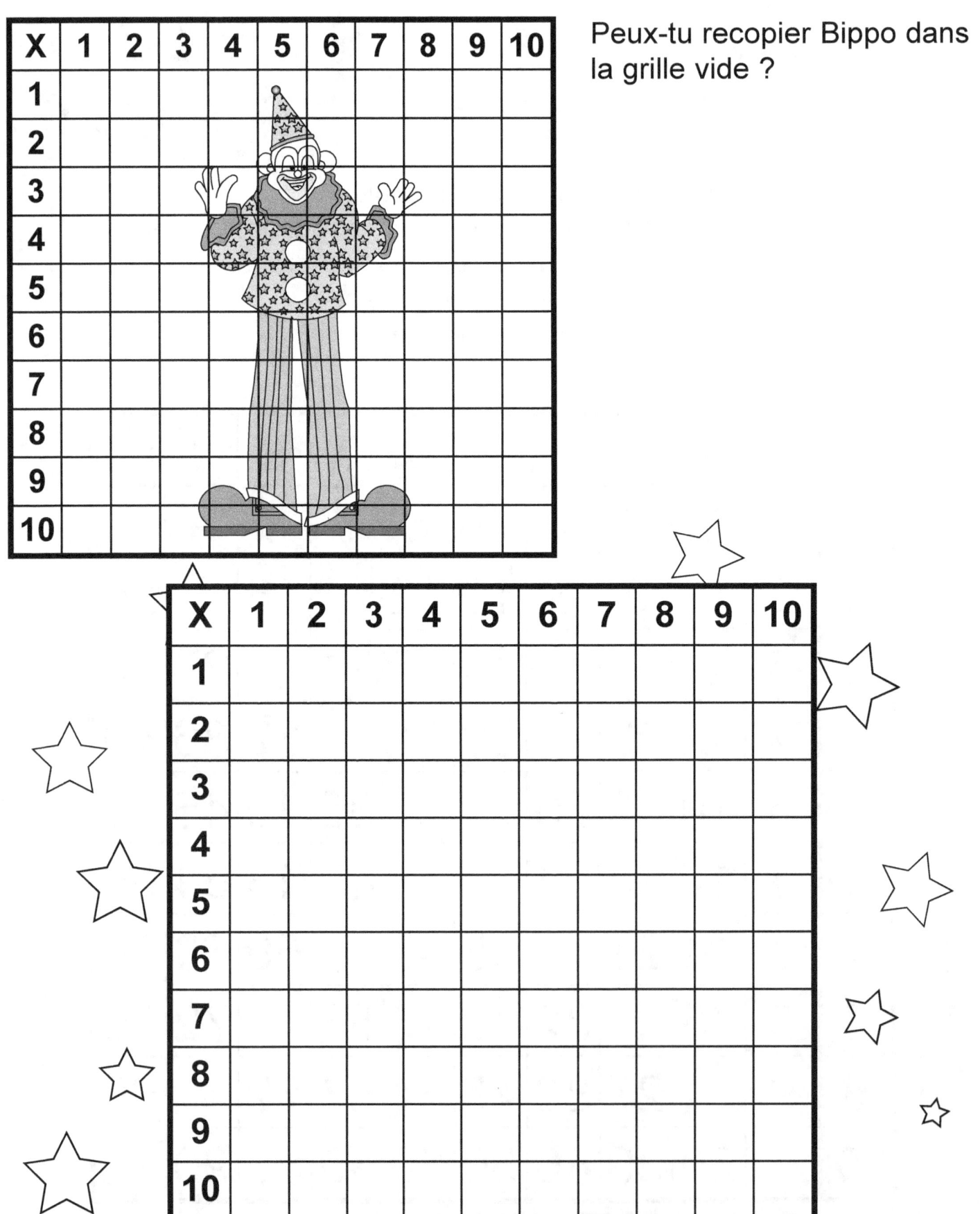

Concours des Diagonales Impaires !

Remplis les carrés blancs. **Indice secret** : pour aller très vite, remplis la diagonale de 1-100 **en premier** et ensuite les multiples de chaque coté.
Tu découvriras bientôt un **motif en miroir** très facile !

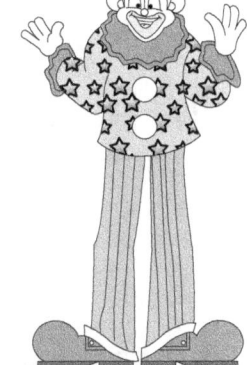

X	1	2	3	4	5	6	7	8	9	10
1										
2										
3										
4										
5										
6										
7										
8										
9										
10										

Drôle de Clown !

Que manque-t-il ?

IMPAIRS manquants

2 x ___ = 14

7 x ___ = 21

5 x ___ = 45

8 x ___ = 56

3 x ___ = 15

6 x ___ = 30

4 x ___ = 28

9 x ___ = 81

5 x ___ = 25

3 x ___ = 27

PAIRS manquants

7 x ___ = 70

9 x ___ = 54

4 x ___ = 32

8 x ___ = 64

9 x ___ = 36

3 x ___ = 18

8 x ___ = 32

1 x ___ = 10

6 x ___ = 36

5 x ___ = 40

Concours des Diagonales Paires !
Remplis les carrés blancs.

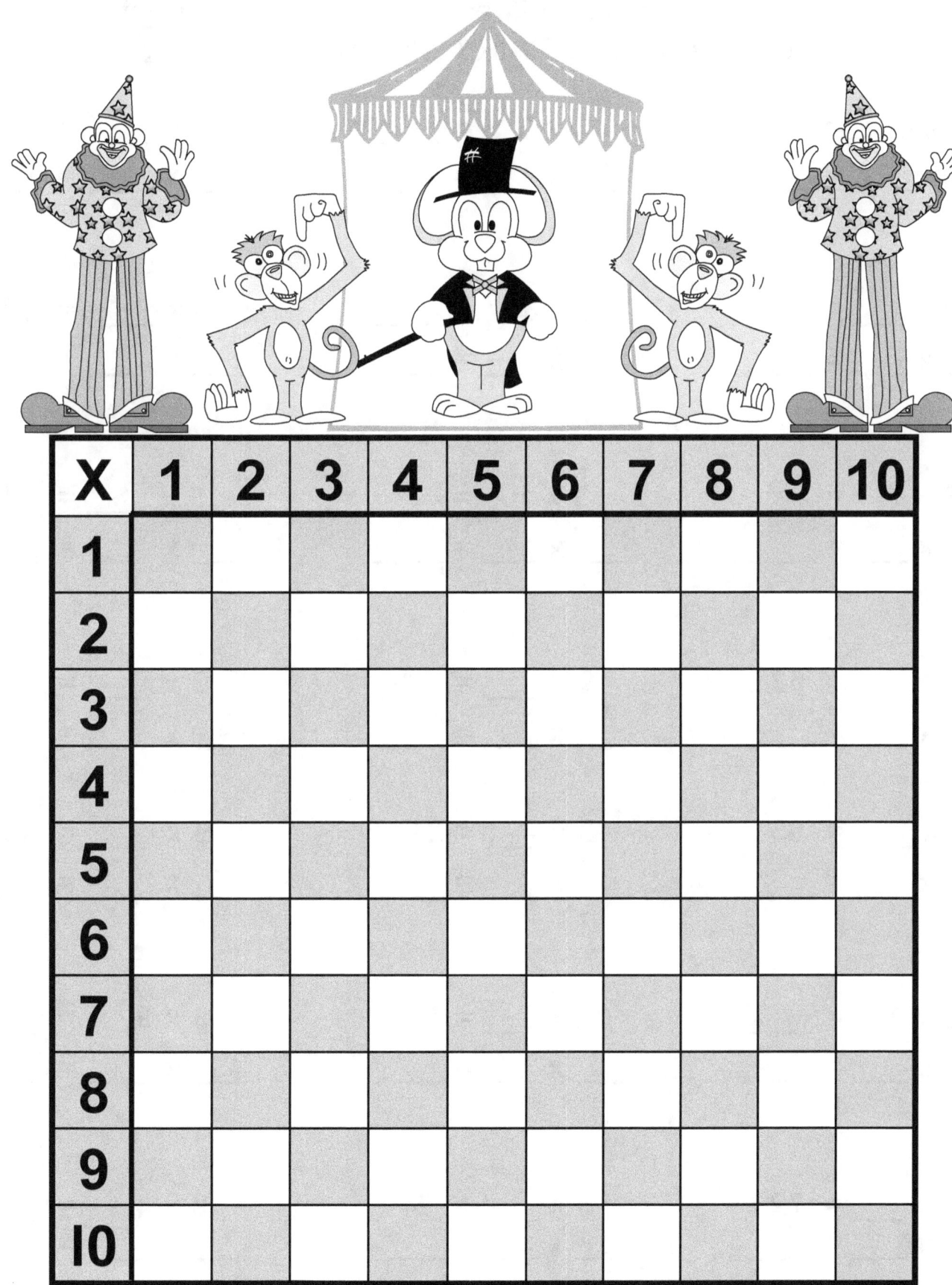

La Magie des Chiffres

Aide Rudy à multiplier les chiffres suivants.
En dessous, écris la règle PAIR / IMPAIR.

6 x 4   = ____   3 x 3   = ____   8 x ____ = 48
p x p   = _p_   ___ x ___ = ____   ___ x ___ = ____

2 x ____ = 12   6 x 3   = ____   5 x ____ = 30
___ x ___ = ____   ___ x ___ = ____   ___ x ___ = ____

6 x 7   = ____   3 x 10 = ____   9 x ____ = 54
___ x ___ = ____   ___ x ___ = ____   ___ x ___ = ____

7 x ____ = 63   9 x ____ = 81   3 x ____ = 15
___ x ___ = ____   ___ x ___ = ____   ___ x ___ = ____

9 x ____ = 63   3 x ____ = 21   5 x ____ = 45
___ x ___ = ____   ___ x ___ = ____   ___ x ___ = ____

5 x 7   = ____   4 x ____ = 12   3 x 9   = ____
___ x ___ = ____   ___ x ___ = ____   ___ x ___ = ____

9 x ____ = 72   3 x ____ = 24   9 x 4   = ____
___ x ___ = ____   ___ x ___ = ____   ___ x ___ = ____

Nombres Uniques?

Entoure tous les nombres qui n'apparaissent qu'UNE SEULE FOIS dans le tableau. Combien y en a-t-il ? _____

X	1	2	3	4	5	6	7	8	9	10
1	1	2	3	4	5	6	7	8	9	10
2	2	4	6	8	10	12	14	16	18	20
3	3	6	9	12	15	18	21	24	27	30
4	4	8	12	16	20	24	28	32	36	40
5	5	10	15	20	25	30	35	40	45	50
6	6	12	18	24	30	36	42	48	54	60
7	7	14	21	28	35	42	49	56	63	70
8	8	16	24	32	40	48	56	64	72	80
9	9	18	27	36	45	54	63	72	81	90
10	10	20	30	40	50	60	70	80	90	100

Zéro Super Facile !

Aide Rudy à multiplier les calculs suivants :

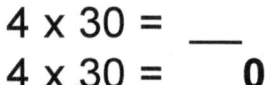

4 x 30 = __
4 x 30 = __0
                      Comment résoudre ?
                      Mets un zéro à droite.
                      Multiplie **4 x 3**.

4 x 30 = 12**0**
4 x 30 = 120
                      Mets le 12 à gauche du zéro.
                      Super facile!

4 x 300 = __
4 x 300 = __00
                      Comment résoudre ?
                      Mets les zéros à droite.
                      Multiplie **4 x 3**.

4 x 300 = 12**00**
4 x 300 = 1200
                      Mets le 12 à gauche des zéros.
                      N'est-ce pas facile?

Multiplie:

3 x 80 = _____   **3 x 800 =** _____

6 x 30 = _____   **6 x 300 =** _____

9 x 70 = _____   **9 x 700 =** _____

5 x 10 = _____   **5 x 100 =** _____

90 x 2 = _____   **900 x 2 =** _____

20 x 8 = _____   **200 x 8 =** _____

50 x 7 = _____   **500 x 7 =** _____

Adulte 5€   Enfant 2€

Nicole a acheté 20 tickets enfant. Combien a-t-elle dépensé ? 2€ x 20 = ____ €	Mme Brandenberg a acheté 30 tickets adulte. Combien a-t-elle dépensé ? ____ x ____ = ____ €
L'entraineur a acheté 40 tickets enfant et 10 tickets adulte. Combien a-t-il dépensé ? 40 x ____ = ____ € 10 x ____ = ____ € Total : ____ €	Elise a acheté 20 tickets adulte et 40 tickets enfant. Combien a-t-elle dépensé ? ____ x ____ = ____ € ____ x ____ = ____ € Total : ____ €
M. Lorenzi a dépensé 190€ pour des tickets. Il a payé 40€ pour des tickets enfant. Combien de tickets enfant a-t-il acheté ? Combien de tickets adulte a-t-il acheté ? 2€ x ____ = 40€ Nombre d'enfants : ____ 190€ -40€ 150€ 5€ x ____ = 150€ Nombre d'adultes: ____	L'école a dépensé 1100€ pour des tickets de cirque. L'école a payé 500€ pour des tickets adulte. Combien d'adultes sont allés au cirque ? Et combien d'enfants ? 5€ x ____ = 500€ Nombre d'adultes: ____ 1100€ -500€ 600€ 2€ x ____ = 600€ Nombre d'enfants : ____

Multiplier un Nombre à Deux Chiffres

D'abord, multiplie les nombres qui sont à droite. (C'est la position des unités, puis c'est la position des dizaines.)

1⃞			1⃞	
2⃞8	2 x 8 = 16	→	2⃞8	2 x 2 = 4
x2⃞	Ecris 6 et		x2⃞	4 + 1 = 5
6	conserve le 1.		56	est correct !

10	22		24	18
x7	x6		x5	x3

15	12		22	16
x5	x6		x5	x3

12	25		45	61
x9	x4		x2	x3

82	63		75	42
x4	x3		x2	x5

Les Friandises du Cirque

- Hot Dog.................3€
- Bretzel...................2€
- Barbe à Papa..........1€
- Crème Glacée.........2€
- Popcorn..................3€
- Soda......................1€

Au cirque, Nathalie a acheté 25 bretzels pour ses amis. Combien a-t-elle dépensé ?

25
x2
___
€

Rémy a acheté pour son équipe de hockey 18 hot dogs. Combien a-t-il dépensé ?

L'entraineur a acheté 15 sachets de popcorn et 20 sodas. Combien a-t-il dépensé ?

Pauline a acheté 11 crèmes glacées et 10 sodas. Combien a-t-elle dépensé ?

Juliette et Eliote ont acheté 31 hot dogs, 30 sodas et 28 crèmes glacées pour leur classe. Combien ont-ils dépensé ?

La maman de Julie a acheté 16 sodas, 15 bretzels et 18 hot dogs pour l'équipe de football. Combien a-t-elle dépensé ?

Trois Spectacles Incroyables !

Aide Rudy à résoudre les problèmes suivants :

S'il y a 9 girafes, combien Rudy doit-il en mettre dans chacun des 3 anneaux pour qu'il y ait le même nombre de girafes dans chacun ? _____

S'il y a 15 singes, combien Rudy doit-il en mettre dans chacun des 3 anneaux pour qu'il y ait le même nombre de singes dans chacun? _____

S'il y a 21 lions, combien Rudy doit-il en mettre dans chacun des 3 anneaux pour qu'il y ait le même nombre de lions dans chacun? _____

Faisons des Divisions !

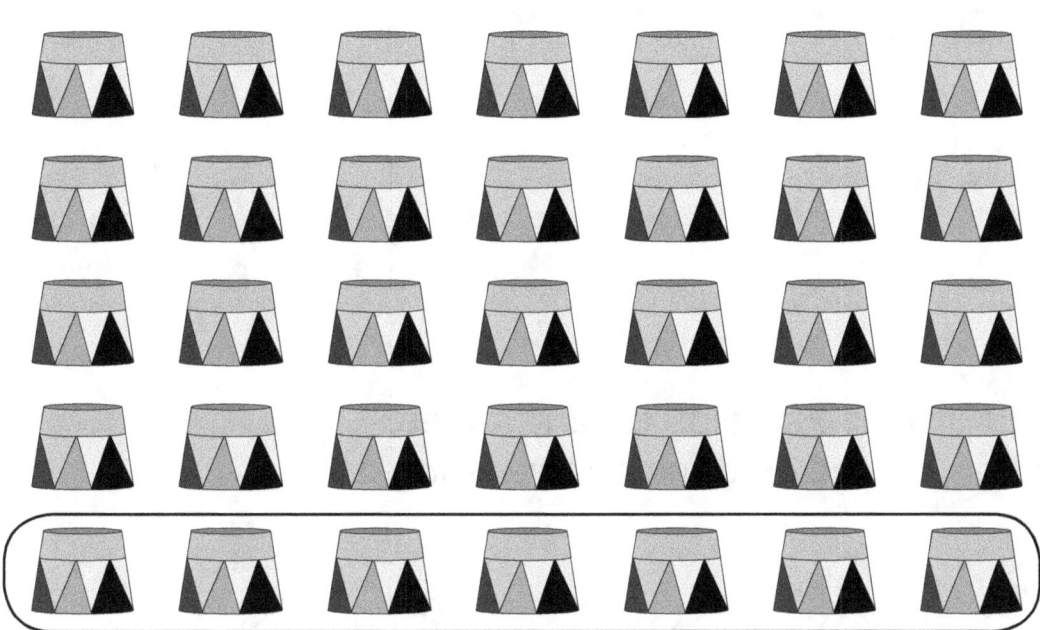

Aide Rudy à diviser 35 par 7.

35 ÷ 7 = ____

La réponse est-elle correcte ? Vérifions en multipliant !

7 x ____ = 35

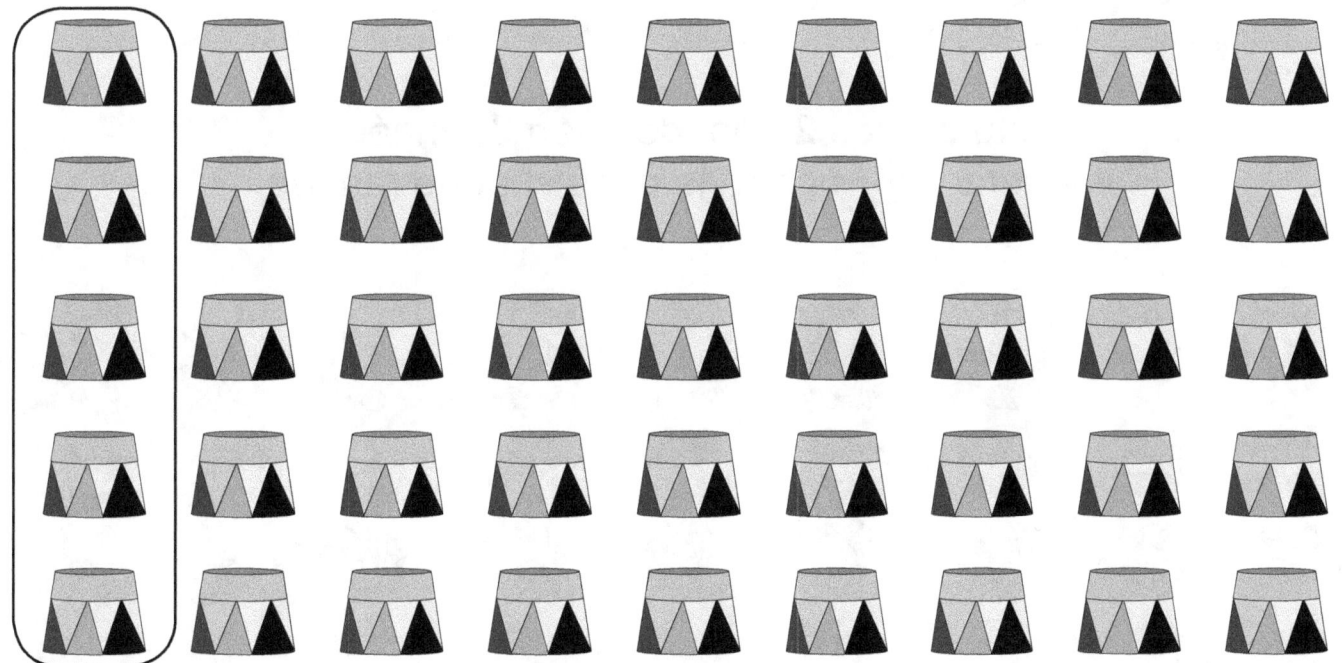

Aide Rudy à diviser 45 par 5.

45 ÷ 5 = ____

La réponse est-elle correcte ? Vérifions en multipliant !

5 x ____ = 45

En file, c'est plus facile !

Si tu divises 20 vélos en 2 rangées,
il y aura ____ vélos dans chaque rangée.

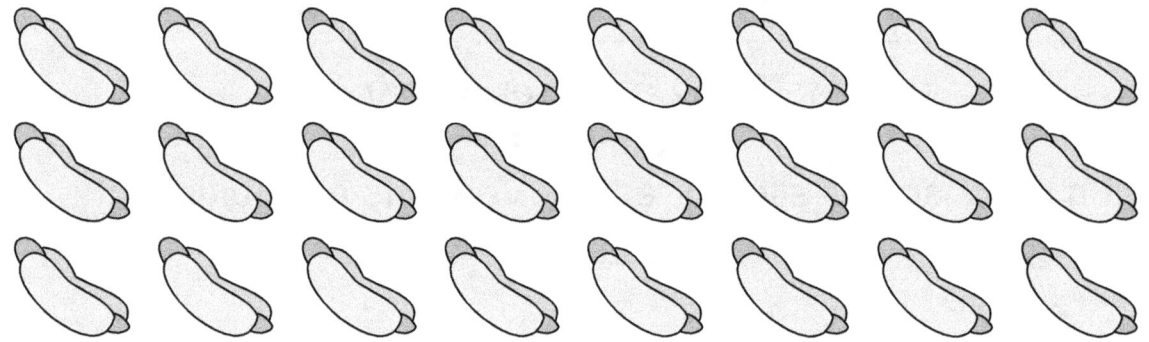

Si tu divises 24 hot dogs en 3 rangées,
il y aura ____ hot dogs dans chaque rangée.

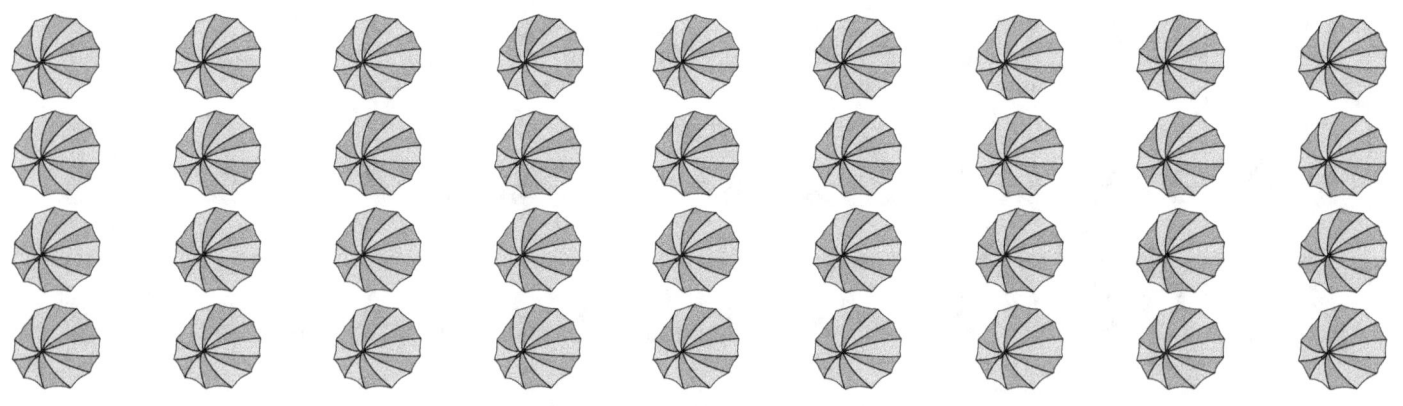

Si tu divises 36 parapluies en 4 rangées,
il y aura ____ parapluies dans chaque rangée.

Le Cirque Magique

Si 2 girafes remplissent un wagon du cirque, de combien de wagons Rudy aura-t-il besoin pour 16 girafes ? _____

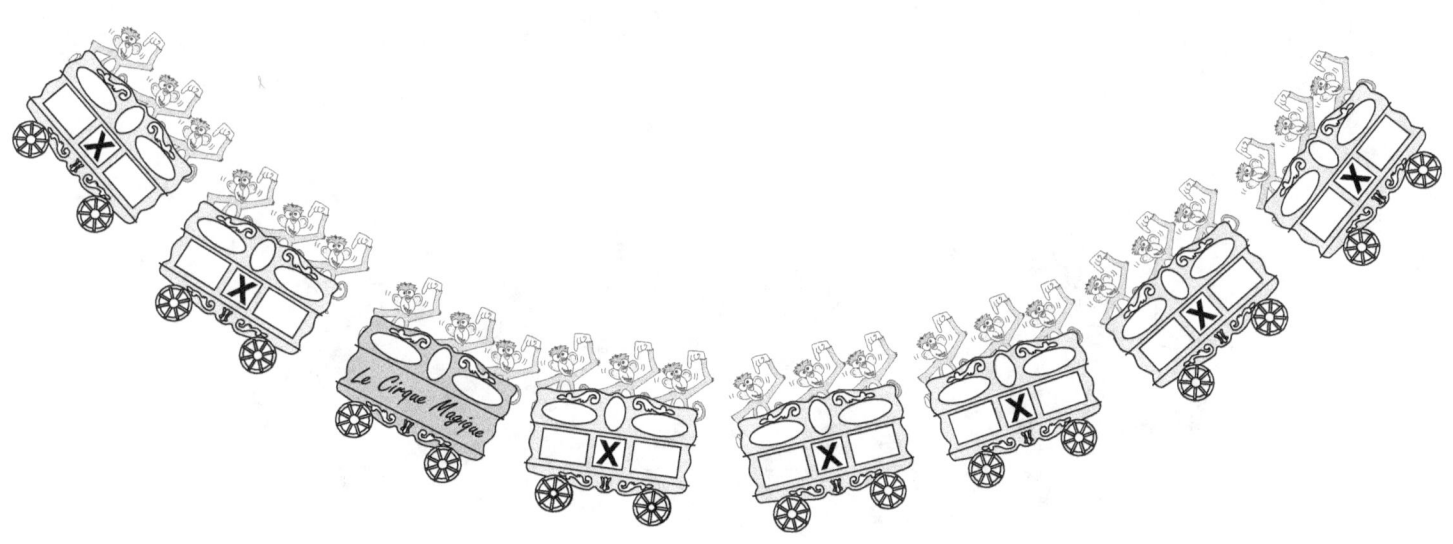

Si 3 singes remplissent un wagon du cirque, de combien de wagons Rudy aura-t-il besoin pour 24 singes? _____

Partout des Clowns !

Aide Rudy à diviser 15 clowns parmi 3 anneaux de manière à ce qu'il y ait le même nombre de clowns dans chaque anneau.

Avant

Après

Est-ce correct ? Si non, dessine une flèche envoyant le clown en trop dans l'anneau où il manque.

15 ÷ 3 = _____

3 x _____ = 15

Parade du Cirque

Aidons Rudy avec le Cirque Magique.

6 clowns doivent effectuer leur acte. Seulement 2 passent dans un wagon.
De combien de wagons Rudy a-t-il besoin pour tous les clowns ?

6 ÷ 2 = _____

10 girafes doivent effectuer leur acte. Seulement 2 passent dans un wagon.
De combien de wagons Rudy a-t-il besoin pour toutes les girafes?

10 ÷ 2 = _____

12 singes doivent effectuer leur acte. Seulement 2 passent dans un wagon.
De combien de wagons Rudy a-t-il besoin pour tous les singes?

12 ÷ 2 = _____

De combien de wagons Rudy aura-t-il besoin au total ?

____ + ____ + ____ = ____

En file, c'est plus facile !

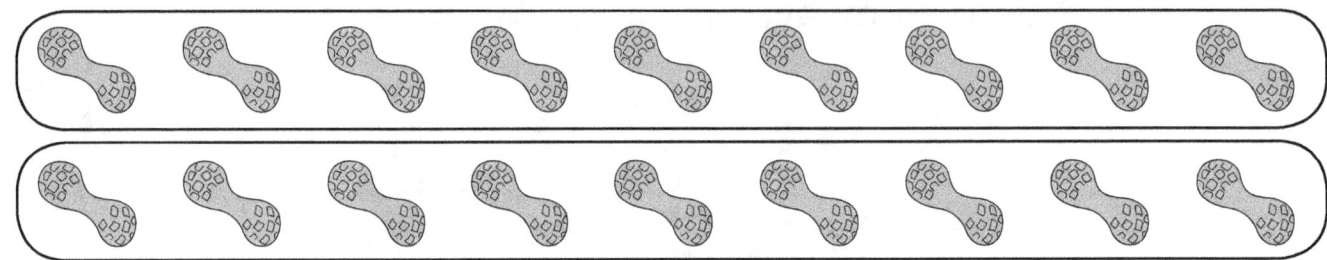

Divise 18 🥜 en 2 groupes.

18 ÷ 2 = ___ 🥜 dans chaque groupe.

Divise 24 🐘 en 8 groupes.

24 ÷ 8 = ___ 🐘 dans chaque groupe.

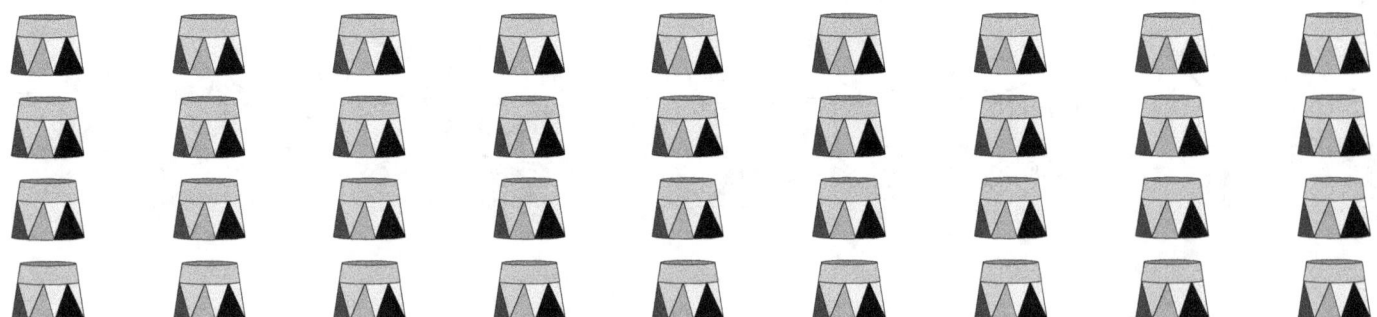

Divise 36 en 9 groupes.

36 ÷ 9 = ___ dans chaque groupe.

Allons diviser !

La division peut être écrite :   20 ÷ 5 = 4

Ou: 20 | 5
         20 | 4
         ‾‾‾
           0

Divise les nombres suivants :

18 | 9   28 | 4   49 | 7   12 | 3

45 | 5   27 | 3   54 | 6   64 | 8

30 | 6   32 | 8   30 | 5   81 | 9

16 | 2   36 | 6   72 | 8   23 | 8

24 | 3   16 | 4   50 | 5   18 | 6

36 | 9   35 | 5   56 | 7   48 | 8

La Division est facile !

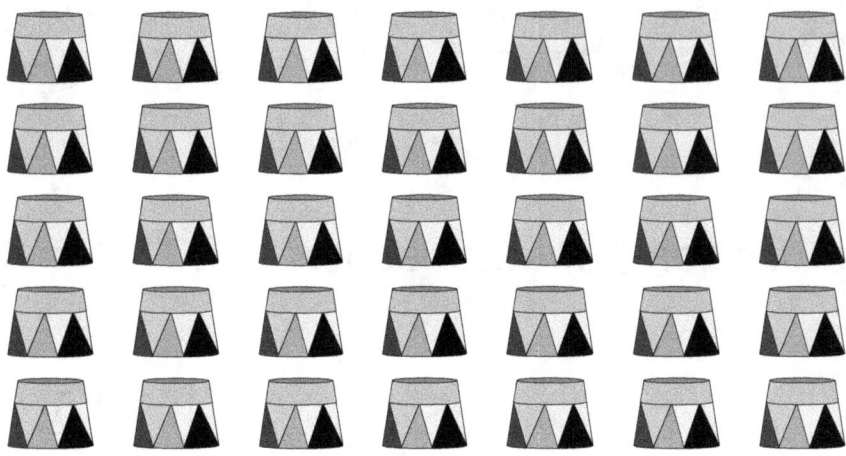

7 x 5 = 35

35 ÷ 5 = 7
35 ÷ 7 = 5

Transforme les problèmes de multiplication ci-dessous en division :

7 x 6 = 42	8 x 9 = 72	4 x 3 = 12
<u>42</u> ÷ <u>6</u> = __7__	___ ÷ ___ = ___	___ ÷ ___ = ___
<u>42</u> ÷ <u>7</u> = __6__	___ ÷ ___ = ___	___ ÷ ___ = ___

6 x 9 = 54	7 x 2 = 14	9 x 5 = 45
___ ÷ ___ = ___	___ ÷ ___ = ___	___ ÷ ___ = ___
___ ÷ ___ = ___	___ ÷ ___ = ___	___ ÷ ___ = ___

4 x 8 = 32	3 x 9 = 27	7 x 7 = 49
___ ÷ ___ = ___	___ ÷ ___ = ___	___ ÷ ___ = ___
___ ÷ ___ = ___	___ ÷ ___ = ___	___ ÷ ___ = ___

Allons diviser !

Aide Rudy à résoudre les exercices ci-dessous.
Ecris deux problèmes de division pour chacun.

__ ÷ __ = __
__ ÷ __ = __

__ ÷ __ = __
__ ÷ __ = __

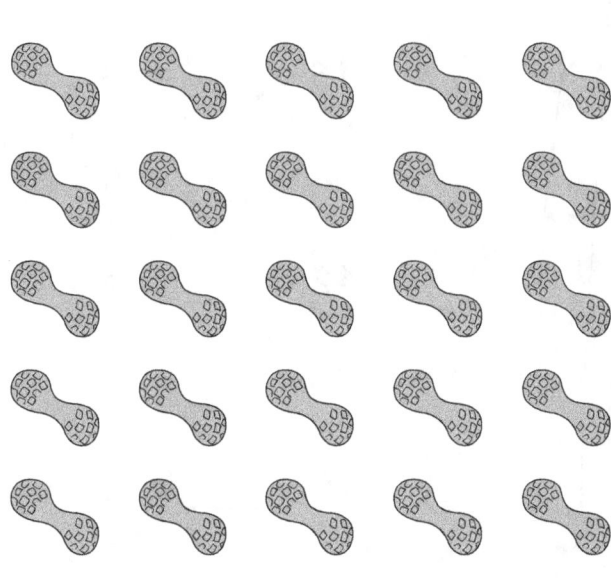

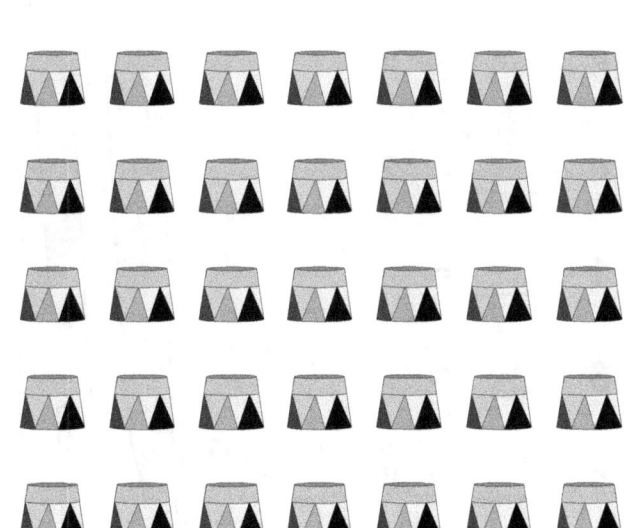

__ ÷ __ = __
__ ÷ __ = __

__ ÷ __ = __
__ ÷ __ = __

Drôle de Clown !

Remplis les espaces vides.

72 ÷ ___ = 8   32 ÷ ___ = 4

35 ÷ ___ = 7   42 ÷ ___ = 7

48 ÷ ___ = 6   25 ÷ ___ = 5

21 ÷ ___ = 3   18 ÷ ___ = 9

16 ÷ ___ = 4   49 ÷ ___ = 7

45 ÷ ___ = 5   15 ÷ ___ = 3

14 ÷ ___ = 2   54 ÷ ___ = 6

81 ÷ ___ = 9   12 ÷ ___ = 4

63 ÷ ___ = 7   40 ÷ ___ = 8

24 ÷ ___ = 6   20 ÷ ___ = 2

Y a-t-il des RESTES?

Exemple d'une division sans restes :

```
 35 | 5
-35 | 7
  0
```

5 va sept fois dans 35.
7 fois 5 donne 35. On soustrait 35 à 35.
0 signifie qu'il n'y a aucun reste.

Exemple d'une division avec restes :

```
 38 | 5
-35 |
  3
```

5 va sept fois dans 38.
7 fois 5 donne 35. On soustrait 35 à 38.
3 restant : il y a un reste.

```
 38 | 5
-35 | 7R3
  3
```

La réponse est écrite : 7R3.
R signifie le reste.
Le reste signifie ce qui est restant.
Ici 3 est le reste.

Les Friandises du Cirque

Hot Dog .... 3€
Tranche de Pizza .... 2€

Crème Glacée .... 2€
Soda .... 1€

L'entraineur a acheté une grande pizza de 24 tranches pour l'équipe. Si chacun des 9 joueurs prend 2 tranches, combien en restera-t-il ?

9 x 2 = 18 tranches   24 – 18 = 6 tranches resteront

L'entraineur a acheté une grande pizza de 24 tranches pour l'équipe. Si chacun des 9 joueurs prend le même nombre de tranches, combien de tranches restera-t-il ?

Résolvons ce problème à l'aide de la division :

```
 24 | 9
-18 | 2
 ---
  6
```
9 va deux fois dans 24.

9 fois 2 fait 18. Soustrais 18 à 24.
6 est ce qui reste.

La réponse est écrite : 2 R6.

```
 24 | 9
-18 | 2R6
 ---
  6
```
R signifie le reste.
Le reste signifie ce qui est restant.
6 tranches sont restantes.

L'entraineur a acheté 20 hot dogs pour son équipe. Si chacun des 9 joueurs en prend le même nombre, combien de hot dogs restera-t-il ?

Vérifie ta réponse. Ci-dessous, il y a 20 hot dogs.
Entoure les hot dogs que chacun des joueurs a pris.
<u>Souligne les hot dogs qui n'ont pas été mangés. Ceux-ci sont les restes.</u>

Y a-t-il des restes ?

Divise les nombres suivants :

```
22|6        32|4       74|8       17|3       30|7
-18|3R4    -32|8
  4          0
```

```
49|7       25|9       36|4       27|3       39|8
```

```
19|2       45|9       48|5       38|6       18|4
```

```
45|7       22|3       36|6       24|5       33|9
```

```
22|8       47|5       24|3       55|6       29|4
```

La Pizza du Cirque

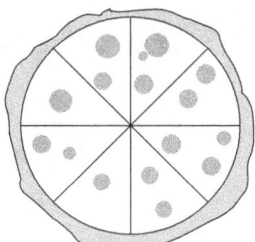 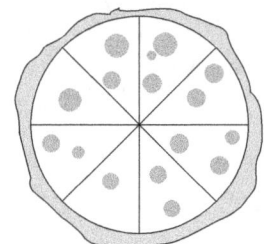 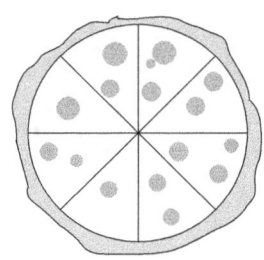

Combien y a-t-il de tranches dans une pizza du cirque ? ____

Combien y a-t-il de tranches au total ici ? ____ x ____ = ____

Si l'entraineur a mangé 3 tranches, combien restait-il de tranches pour l'équipe ? (Indice : avec un crayon rouge, biffe une tranche sur chaque pizza ci-dessus.)

____ - ____ = ____

Si les 7 membres de l'équipe ont partagé de manière égale les tranches restantes, combien de tranches a mangé chacun d'entre eux ?

____ ÷ ____ = ____

Si une pizza coûte 12€ la pièce, combien l'entraineur a-t-il dépensé pour 3 pizzas ?

____ x ____ = ____ €

Si l'entraineur a acheté 20 sodas à 2€ l'unité, combien a-t-il dépensé pour les sodas?

____ x ____ = ____ €

Si l'entraineur a dépensé 19€ pour des tickets de cirque, combien a-t-il dépensé au total en incluant les pizzas et les sodas ?

____ + ____ + ____ = ____ €

Si l'entraineur a payé avec un billet de 100€, combien d'argent le caissier lui a-t-il rendu ?

____ - ____ = ____ €

La Ruée F-o-l-l-e !

Remplis le tableau avec les multiples corrects.

X	3	6	9	7	2	8	4	5	1	10
3										
6										
9										
7										
2										
8										
4										
5										
1										
10										

La Ruée F-o-l-l-e !

Maintenant, crée ton propre tableau !

Multiple Mystère ?

Certains multiples ne sont pas complets.
Remplis les espaces vides _____.

X	1	2	3	4	5	6	7	8	9	10
1	1	2	3	4	5	6	7	8	9	_0
2	2	4	6	8	_0	_2	_4	_6	_8	20
3	3	6	9	_2	_5	_8	21	24	27	30
4	4	8	_2	_6	20	24	28	32	36	40
5	5	_0	_5	20	25	30	35	40	45	50
6	6	_2	_8	24	30	36	42	48	54	60
7	7	_4	21	28	35	42	49	56	63	70
8	8	_6	24	32	40	48	56	64	72	80
9	9	_8	27	36	45	54	63	72	81	90
10	_0	20	30	40	50	60	70	80	90	100

Multiple Mystère ?

Certains multiples ne sont pas complets.
Remplis les espaces vides _____.

X	1	2	3	4	5	6	7	8	9	10
1	1	2	3	4	5	6	7	8	9	10
2	2	4	6	8	10	12	14	16	18	_0
3	3	6	9	12	15	18	_1	_4	_7	30
4	4	8	12	16	_0	_4	_8	32	36	40
5	5	10	15	_0	_5	30	35	40	45	50
6	6	12	18	_4	30	36	42	48	54	60
7	7	14	_1	_8	35	42	49	56	63	70
8	8	16	_4	32	40	48	56	64	72	80
9	9	18	_7	36	45	54	63	72	81	90
10	10	_0	30	40	50	60	70	80	90	100

Multiple Mystère ?

Certains multiples ne sont pas complets.
Remplis les espaces vides _____.

X	1	2	3	4	5	6	7	8	9	10
1	1	2	3	4	5	6	7	8	9	10
2	2	4	6	8	10	12	14	16	18	20
3	3	6	9	12	15	18	21	24	27	_0
4	4	8	12	16	20	24	28	_2	_6	40
5	5	10	15	20	25	_0	_5	40	45	50
6	6	12	18	24	_0	_6	42	48	54	60
7	7	14	21	28	_5	42	49	56	63	70
8	8	16	24	_2	40	48	56	64	72	80
9	9	18	27	_6	45	54	63	72	81	90
10	10	20	_0	40	50	60	70	80	90	100

TeaCHildMath™

Multiple Mystère ?

Certains multiples ne sont pas complets.
Remplis les espaces vides _____.

X	1	2	3	4	5	6	7	8	9	10
1	1	2	3	4	5	6	7	8	9	10
2	2	4	6	8	10	12	14	16	18	20
3	3	6	9	12	15	18	21	24	27	30
4	4	8	12	16	20	24	28	32	36	_0
5	5	10	15	20	25	30	35	_0	_5	50
6	6	12	18	24	30	36	_2	_8	54	60
7	7	14	21	28	35	_2	_9	56	63	70
8	8	16	24	32	_0	_8	56	64	72	80
9	9	18	27	36	_5	54	63	72	81	90
10	10	20	30	_0	50	60	70	80	90	100

Multiple Mystère ?

Certains multiples ne sont pas complets.
Remplis les espaces vides _____.

X	1	2	3	4	5	6	7	8	9	10
1	1	2	3	4	5	6	7	8	9	10
2	2	4	6	8	10	12	14	16	18	20
3	3	6	9	12	15	18	21	24	27	30
4	4	8	12	16	20	24	28	32	36	40
5	5	10	15	20	25	30	35	40	45	_0
6	6	12	18	24	30	36	42	48	_4	60
7	7	14	21	28	35	42	49	_6	63	70
8	8	16	24	32	40	48	_6	64	72	80
9	9	18	27	36	45	_4	63	72	81	90
10	10	20	30	40	_0	60	70	80	90	100

Multiple Mystère pour 6, 7, 8 et 9 !

Certains multiples ne sont pas complets.
Remplis les espaces vides _____.

X	1	2	3	4	5	6	7	8	9	10
1	1	2	3	4	5	6	7	8	9	10
2	2	4	6	8	10	12	14	16	18	20
3	3	6	9	12	15	18	21	24	27	30
4	4	8	12	16	20	24	28	32	36	40
5	5	10	15	20	25	30	35	40	45	50
6	6	12	18	24	30	36	42	48	54	_0
7	7	14	21	28	35	42	49	56	_3	_0
8	8	16	24	32	40	48	56	_4	_2	_0
9	9	18	27	36	45	54	_3	_2	_1	_0
10	10	20	30	40	50	_0	_0	_0	_0	100

Révision du Multiple Mystère

Certains multiples ne sont pas complets.
Remplis les espaces vides _____.

X	1	2	3	4	5	6	7	8	9	10
1	1	2	3	4	5	6	7	8	9	_0
2	2	4	6	8	_0	_2	_4	_6	_8	_0
3	3	6	9	_2	_5	_8	_1	_4	_7	_0
4	4	8	_2	_6	_0	_4	_8	2	_6	_0
5	5	_0	_5	_0	_5	_0	_5	_0	_5	_0
6	6	_2	8	4	_0	6	2	8	4	_0
7	7	_4	1	8	5	2	_9	6	3	_0
8	8	_6	4	2	_0	8	6	4	2	_0
9	9	8	_7	6	5	_4	3	2	1	_0
10	_0	_0	_0	_0	_0	_0	_0	_0	_0	_0

Multiples Mystères Résolus !
Les multiples ne sont pas complets.
Remplis les espaces vides_____.

X	1	2	3	4	5	6	7	8	9	10
1	_	_	_	_	_	_	_	_	_	1_
2	_	_	_	_	1_	1_	1_	1_	1_	2_
3	_	_	_	1_	1_	1_	2_	2_	2_	3_
4	_	_	1_	1_	2_	2_	2_	3_	3_	4_
5	_	1_	1_	2_	2_	3_	3_	4_	4_	5_
6	_	1_	1_	2_	3_	3_	4_	4_	5_	6_
7	_	1_	2_	2_	3_	4_	4_	5_	6_	7_
8	_	1_	2_	3_	4_	4_	5_	6_	7_	8_
9	_	1_	2_	3_	4_	5_	6_	7_	8_	9_
10	1_	2_	3_	4_	5_	6_	7_	8_	9_	10_

Bingo du Cirque Magique !

Choisis 5 nombres pour chaque lettre :

B: 1, 2, 3, 4, 5, 6, 7, 8, 9, 10
I: 12, 14, 15, 16, 18, 20, 21, 24
N: 25, 27, 28, 30, 32, 35, 36, 40
G: 42, 45, 48, 49, 50, 54, 56, 60
O: 63, 64, 70, 72, 80, 81, 90, 100

Appelle à haute voix chaque problème de multiplication ainsi : 3 x 5 = ?
Les camarades marquent la réponse avec un X.

Concours Pairs et Impairs

Remplis le tableau. Entoure *chaque* nombre *pair*. As-tu remarqué que chaque nombre, qu'il soit **PAIR** ou **IMPAIR**, multiplié par un nombre **PAIR** est un nombre PAIR ?

PAIR x TOUT nombre = PAIR

Pour renforcer le motif PAIR/IMPAIR, remplis les nombres PAIRS en rouge et les nombres IMPAIRS en bleu.

Tableau du Code Secret

Code Secret

Table de 2 : **2-4-6-8** suivi de **0**.
Table de 8 : **8-6-4-2** suivi de **0**.
Table de 4 : **4-8-2-6** suivi de **0**.
Table de 6 : **6-2-8-4** suivi de **0**.

X	2		8
1	2		8
2	4		16
3	6		24
4	8		32
5	10		40
6	12		48
7	14		56
8	16		64
9	18		72
10	20		80

4		6
4		6
8		12
12		18
16		24
20		30
24		36
28		42
32		48
36		54
40		60

TeaCHildMath™ 165

Multiplication Pairs et Impairs

X	1	2	3	4	5	6	7	8	9	10
1	1	2	3	4	5	6	7	8	9	10
2	2	4	6	8	10	12	14	16	18	20
3	3	6	9	12	15	18	21	24	27	30
4	4	8	12	16	20	24	28	32	36	40
5	5	10	15	20	25	30	35	40	45	50
6	6	12	18	24	30	36	42	48	54	60
7	7	14	21	28	35	42	49	56	63	70
8	8	16	24	32	40	48	56	64	72	80
9	9	18	27	36	45	54	63	72	81	90
10	10	20	30	40	50	60	70	80	90	100

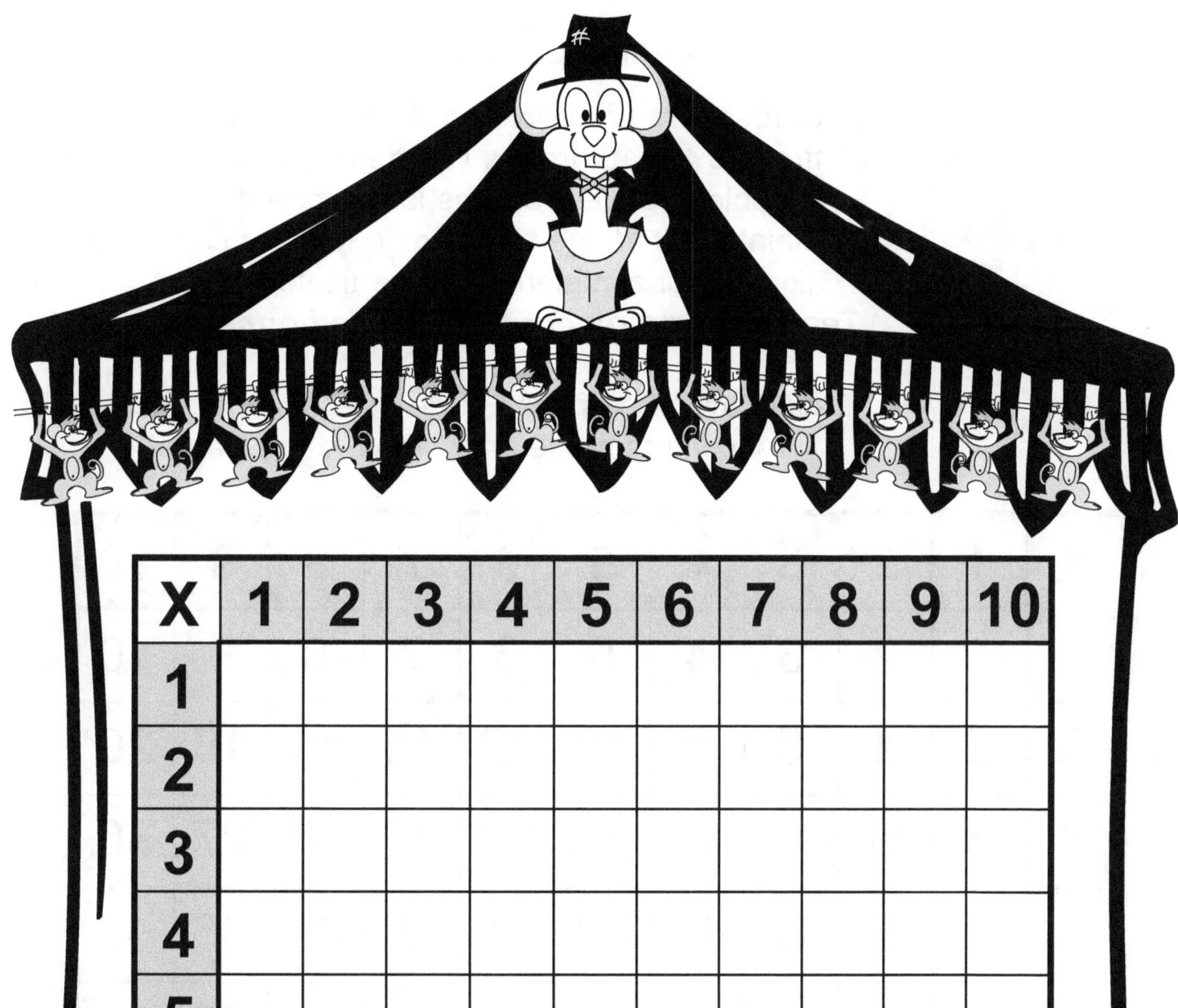

MULTIPLIER, c'est si facile !

Pour résoudre un problème de multiplication pour les chiffres de 1 à 10, trouve l'un des chiffres au sommet du tableau et l'autre dans la colonne de gauche. Maintenant, dirige ton doigt le long de ces deux lignes, horizontalement et verticalement, et ….
Tes doigts se rencontrent sur la bonne réponse !

Essaie avec 6 x 4 = ? Est-ce que tes doigts se sont rencontrés sur le 24 ? **Wow, c'est génial !**

X	1	2	3	4	5	6	7	8	9	10
1	1	2	3	4	5	6	7	8	9	10
2	2	4	6	8	10	12	14	16	18	20
3	3	6	9	12	15	18	21	24	27	30
4	4	8	12	16	20	24	28	32	36	40
5	5	10	15	20	25	30	35	40	45	50
6	6	12	18	24	30	36	42	48	54	60
7	7	14	21	28	35	42	49	56	63	70
8	8	16	24	32	40	48	56	64	72	80
9	9	18	27	36	45	54	63	72	81	90
10	10	20	30	40	50	60	70	80	90	100

X	1	2	3	4	5	6	7	8	9	10
1	1	2	3	4	5	6	7	8	9	10
2	2	4	6	8	10	12	14	16	18	20
3	3	6	9	12	15	18	21	24	27	30
4	4	8	12	16	20	24	28	32	36	40
5	5	10	15	20	25	30	35	40	45	50
6	6	12	18	24	30	36	42	48	54	60
7	7	14	21	28	35	42	49	56	63	70
8	8	16	24	32	40	48	56	64	72	80
9	9	18	27	36	45	54	63	72	81	90
10	10	20	30	40	50	60	70	80	90	100

L'Adieu du Cirque Magique !

Grâce à toi,
tout le monde s'est bien amusé au Cirque Magique !
Tu as appris les tables de multiplication
et tu as su tout remettre en ordre.

Les singes se sont balancés sur les trapèzes.
Dans l'anneau, les lions ont rugi pour Rudy.
Les girafes ont bondi.
Les éléphants ont dansé.
Les ours ont dégringolé.
Les clowns ont jonglé.
Le Cirque a eu un très grand succès !

Maintenant, les singes, les lions, les girafes,
les éléphants, les ours et les clowns doivent
aller enseigner à un autre enfant.

Nous tous au Cirque Magique
espérons que tu as apprécié d'apprendre
les tables de multiplication !

Les Maths, c'est fascinant !
Transmets-le à tes amis !

Un très grand Hourra du Cirque Magique pour toi !

www.ingramcontent.com/pod-product-compliance
Lightning Source LLC
Chambersburg PA
CBHW080245180526
45167CB00006B/2427